I0052166

NOTIONS

ÉLÉMENTAIRES

D'HISTOIRE NATURELLE

AVIS.

Tout exemplaire de cet ouvrage non revêtu de ma griffe sera réputé contrefait.

L. Hachette

Imprimerie de J. BELIN-LEPRIEUR, rue de la Monnaie, 11.

NOTIONS

ÉLÉMENTAIRES

D'HISTOIRE NATURELLE

PAR G. DELAFOSSE

PROFESSEUR A LA FACULTÉ DES SCIENCES
ET MAITRE DE CONFÉRENCES A L'ÉCOLE NORMALE

2e Partie : BOTANIQUE

2e édition

PARIS

CHEZ L. HACHETTE

LIBRAIRE DE L'UNIVERSITÉ ROYALE DE FRANCE

RUE PIERRE-SARRAZIN, N° 12.

1843

BIBLIOTHÈQUE PUBLIQUE (MONTBÉLIARD)

NOTIONS ÉLÉMENTAIRES

D'HISTOIRE NATURELLE.

Deuxième Partie.

BOTANIQUE.

DE L'ANATOMIE VÉGÉTALE.

1. La *Botanique* est la partie de l'histoire naturelle qui a pour objet l'étude des végétaux. Elle nous apprend à les connaître, à les distinguer et à les classer. Les végétaux sont, comme les animaux, des êtres doués d'organisation et de vie ; mais ils n'ont pas comme eux la faculté de sentir et de se mouvoir à leur gré. Ils sont en général fixés sur quelque substance d'où ils tirent leur nourriture, se nourrissent par absorption à travers leur épiderme extérieur, et peuvent tous se reproduire par la séparation spontanée ou artificielle d'une partie de leur tronc.

2. Lorsqu'on examine l'organisation d'un végétal avec une loupe ou un microscope, on voit qu'il se compose

d'utricules ou cellules vésiculaires, à parois minces et transparentes, et de tubes ou vaisseaux cylindriques, tantôt épars (fig. 1, pl. 1), tantôt réunis en faisceaux fibreux (fig. 2). Les cellules, les vaisseaux, les fibres, tels sont les éléments organiques, dont les combinaisons variées constituent tous les organes des végétaux. De ces trois éléments, le premier peut être considéré comme l'élément primitif, et comme le point de départ de toute l'organisation végétale. Car une seule utricule, placée dans des circonstances convenables, est susceptible de reproduire à sa surface d'autres utricules semblables, qui, se propageant de même, forment bientôt une masse qu'on nomme *tissu cellulaire ;* d'un autre côté, les utricules peuvent en s'allongeant sous forme de fuseau, et en se groupant à la file, se transformer en tubes et en fibres, ou par des modifications progressives, donner naissance aux différentes sortes de vaisseaux.

Le tissu cellulaire proprement dit existe dans toutes les parties des plantes ; mais il est surtout abondant dans celles qui sont tendres, faciles à lacérer, et qui n'ont point de tendance marquée à s'allonger dans une certaine direction. Ainsi les feuilles et les fruits charnus, les racines, les herbes, les jeunes pousses, et surtout la moelle des végétaux, en contiennent abondamment. Pour l'observer, il suffit de couper en travers une de ces parties, de la réduire en une lame mince et transparente, et de l'examiner attentivement à la loupe ou au microscope. Le propre du tissu cellulaire est de se laisser déchirer en tous sens avec facilité. Les cellules sont éminemment douées de la faculté d'absorber les liquides, et elles paraissent destinées à élaborer des sucs dans leur intérieur. Sous l'influence de certaines causes, elles développent en elles-mêmes d'autres cellules plus petites, qui s'offrent sous l'aspect de granules, tantôt incolores, et tantôt colorés le plus souvent en vert.

3. Si l'on coupe en long une portion de l'axe d'un végétal, on y remarque presque toujours des cavités tubuleuses très étendues et dépourvues de cloisons transversales, et des filets généralement plus courts, et plus ou moins opaques. Les tubes non cloisonnés sont les vaisseaux, et les filets opaques sont les fibres. Les fibres par leur réunion composent le tissu fibreux, qui accompagne ordinairement les vaisseaux, et qui paraît généralement destiné à donner plus de solidité aux organes de la plante qui en ont besoin. Il contribue, avec les vaisseaux, à diriger la marche des fluides d'une extrémité du végétal à l'autre. On le trouve dans le bois, dans l'écorce, dans les nervures ou veines des feuilles. Ces fibres sont groupées parallélement entre elles, de manière qu'elles s'enchevêtrent les unes dans les autres. C'est ce qui fait que les tiges sont plus faciles à fendre en long qu'en travers : dans le sens longitudinal, on ne fait que désunir les fibres, tandis que transversalement on est obligé de les rompre. L'industrie tire souvent parti des fibres de

certaines plantes, après les avoir isolées. Il en est qui peuvent se feutrer, commes celles du mûrier à papier ; d'autres ont assez de solidité et de flexibilité, pour qu'on puisse en faire des tissus (celles du lin et du chanvre).

Les vaisseaux sont des tubes cylindriques, ou resserrés de distance en distance (vaisseaux en chapelet), dont les parois offrent souvent l'apparence de pores ou points (vaisseaux poreux ou ponctués), de fentes, raies ou anneaux (vaisseaux fendus, rayés ou annulaires ; fausses trachées). Il en est qui sont formés d'un ou de plusieurs fils, brillants, argentés et roulés sur eux-mêmes en spirales comme les fils de laiton dont se composent les élastiques des bretelles : ce sont les *trachées* véritables ou vaisseaux spiraux (fig. 3). Les trachées s'observent principalement autour de la moelle dans les tiges, et dans les nervures des feuilles. On parvient à les dérouler et à les voir facilement à l'œil nu en rompant une jeune pousse de sureau ou de rosier, et en éloignant avec précaution les deux bords de la rupture. On ne trouve point de trachées dans les couches du bois ni dans l'écorce des arbres. Le bois ne présente que de fausses trachées, qu'on appelle aussi *vaisseaux lymphatiques*, parce qu'on les considère comme servant au transport de la lymphe ou sève ascendante. Dans l'écorce est une troisième sorte de vaisseaux, nommés *vaisseaux propres :* ils contiennent des sucs particuliers soumis à une

Pl. 1.

Fig. 1. a.

Fig. 1. b.

Fig. 1. c.

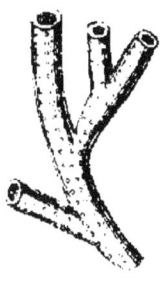

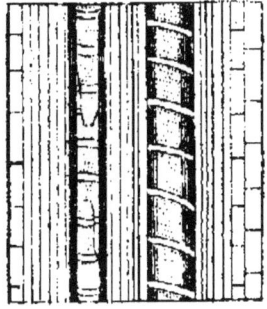

Fig. 2.

Fig. 3 b.

Fig. 3 a.

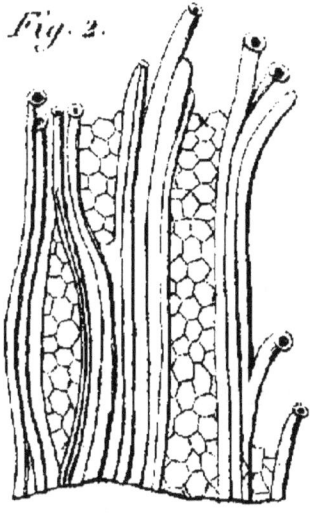

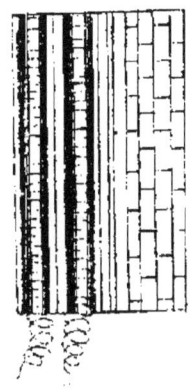

Fig. 4

Fig. 5.

Fig. 6.

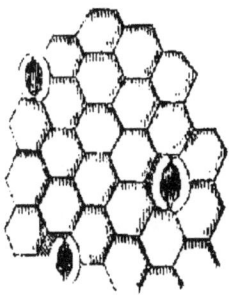

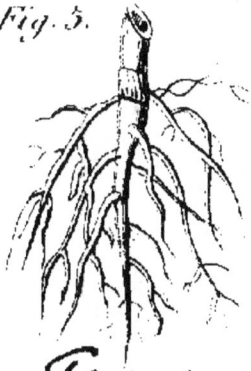

Fibreuse

Pivotante

espèce de circulation. Ils sont cylindriques, non poreux, et se ramifient ou s'anastomosent fréquemment
entre eux. *se réunissant*

4. On nomme *parenchyme* toute partie d'un végétal
qui est molle, succulente, et composée presque uniquement de cellules arrondies. Cette expression s'emploie
par opposition aux mots *fibres* et *nervures*, qui indi-
quent des parties plus ou moins rigides. Les nervures
des feuilles sont composées presque uniquement de vaisseaux et de fibres ou de cellules allongées et épaissies.
Outre le parenchyme et les fibres, qui constituent la
masse interne des végétaux, il faut encore distinguer
l'*épiderme*, sorte de membrane mince, transparente,
analogue à l'épiderme des animaux, et qui recouvre
toutes les parties des plantes, au moins dans le jeune
âge. Il se compose d'une couche simple de cellules dont
la forme est variable suivant les diverses espèces. Sa
surface présente, dans toutes les parties qui sont exposées à l'air et à la lumière, de petites ouvertures qu'on
nomme des *stomates*, et qui paraissent à la loupe comme
de petites bouches formées de deux lèvres (fig. 4). Ces
stomates sont tantôt ouverts, et tantôt fermés, et par
leur fond ils correspondent toujours à des cavités remplies d'air, qui se trouvent dans le tissu sous-jacent. Ils
sont surtout abondants à la surface inférieure des feuilles
dans les plantes aériennes. Les racines de tous les végétaux, les feuilles des plantes aquatiques en sont com-

plétement dépourvues : on pense que ces petits organes
sont destinés à absorber et à exhaler les matières gazeuses dans l'acte de la respiration. La surface des végétaux exposés à l'air est aussi revêtue de poils, qui sont
des prolongements formés par des cellules saillantes ; ils
aboutissent quelquefois à des glandes, sortes de vésicules destinées à sécréter du fluide nourricier des sucs
d'une nature particulière.

5. Les parties élémentaires dont nous venons de si-
gnaler l'existence, se combinent entre elles de diverses
manières pour former les organes composés des végétaux. Parmi ces organes, les principaux sont la racine,
la tige, les fleurs, les fruits et les graines. La racine est
cette partie inférieure qui s'allonge en descendant, pour
s'enfoncer dans la terre ; elle sert à fixer le végétal, et à
tirer du sol une partie de sa nourriture. La tige croît en
montant vers le ciel ; elle est l'axe de la plante, et sert de
support aux feuilles, aux fleurs et aux fruits. Les feuilles
sont des appendices membraneux qui remplissent dans
l'atmosphère les mêmes fonctions que les racines dans
la terre : elles contribuent à nourrir le végétal, et sont
pour lui en quelque sorte des organes de respiration. Les
fleurs sont des parties très complexes, qui contiennent
les rudiments des graines à l'état de germes inertes, avec
les organes nécessaires pour les féconder. Après la fécondation, toutes les parties de la fleur se flétrissent, à
l'exception de celle qui contient les graines ; celle-ci

continue de croître et prend alors le nom de *fruit.*
Les organes que nous venons d'énumérer se divisent
en deux classes : les uns sont destinés à nourrir la
plante, et sont par conséquent des organes de nutrition
(la racine, la tige et les feuilles). Les autres sont des organes de reproduction, servant à multiplier les individus
et par conséquent à conserver et à propager l'espèce
(les fleurs, fruits et graines). Le fruit provient de la
fleur, qu'il remplace : il n'est rien autre chose qu'une
sorte de coque, destinée à contenir les graines mûres.
Les graines sont de petites plantes en miniature, renfermées aussi chacune dans une coque particulière ; ce
sont, à proprement parler, les œufs du végétal. Il y a
déjà dans la graine une petite racine ou *radicule,* une
petite tige ou *tigelle,* et une ou deux feuilles, qui sont
le plus souvent charnues, en forme de mamelons, et
qu'on appelle *feuilles séminales,* ou *cotylédons.* Nous
allons passer rapidement en revue chacune de ces classes
d'organes, en commençant par ceux de la nutrition.

DES ORGANES DE LA NUTRITION.

La racine.

6. La *racine* est cette partie inférieure du végétal,
qui croît en sens inverse de la tige, et tend toujours à
s'enfoncer perpendiculairement dans le sol ; ne devenant
jamais verte comme la tige et les feuilles, lorsqu'elle est

exposée à l'air et à la lumière. Elle est le plus souvent implantée dans la terre, et, dans ce cas, elle remplit une double fonction, en servant à fixer le végétal et à le nourrir. Mais il est des plantes dont les racines flottent au milieu de l'eau, et d'autres dont les racines s'implantent sur les rochers, sur les murs ou dans l'écorce des arbres. On distingue ordinairement dans une racine trois parties : 1° une supérieure, que l'on nomme *collet*, et qui est la base de la racine ou le plan qui la sépare de la tige; 2° une partie moyenne, qui est le corps ou l'axe, et ressemble à un tronc ou à une tige renversée, simple, ou ramifiée; 3° une partie inférieure (le chevelu), composée de radicelles, sortes de fibres déliées, par l'extrémité desquelles se fait l'absorption des sucs nutritifs. Les principales modifications de forme et d'aspect que présentent les racines, tiennent aux variations que subissent dans leurs proportions relatives le corps et le chevelu, variations qui sont généralement en rapport avec la nature du sol. Le chevelu, par exemple, est d'autant plus abondant et plus développé que la plante vit dans un terrain moins sec et plus divisé. Les racines ont une tendance marquée à se diriger vers les veines de bonne terre, et souvent elles s'allongent considérablement pour se porter vers les lieux où la terre est plus meuble et plus substantielle. Elles montrent alors une grande force de végétation, et on les voit, pour obéir à cette tendance irrésistible, traverser des corps très durs, percer le tuf.ou les murailles, s'incliner et se relever en suivant les pentes d'un fossé.

7. On appelle *racines pivotantes* celles dont le corps, unique à sa base et très développé, s'enfonce perpendiculairement dans le sol comme une sorte de pivot (fig. 5). Leur forme générale approche plus ou moins de celle d'un fuseau ou d'une toupie. Elles sont simples ou sans divisions, comme dans la rave ou la carotte, ou bien ramifiées comme dans le frêne, le peuplier d'Italie. Elles appartiennent exclusivement aux végétaux dicotylédonés, c'est-à-dire aux plantes dont les graines ont deux cotylédons ou deux feuilles séminales.

On appelle *racines fibreuses* celles dont le corps unique, mais peu développé à sa base, se divise en une multitude de fibres plus ou moins grêles; et dont le chevelu est ordinairement très abondant. Telle est celle des palmiers (fig. 6). Elles ne s'observent que dans les plantes monocotylédones, c'est-à-dire celles dont les graines n'ont qu'un seul cotylédon ou une seule feuille séminale. Les *racines fasciculées* sont celles que forment des fibres plus ou moins renflées dans leur milieu, et sortant en faisceau d'une base commune qui se confond avec le collet de la plante.

8. Il est des racines qui portent sur différents points de leur étendue des tubercules formés de tissu cellulaire, et pleins de fécule ou de matière nutritive (ex.: racines des orchis). Ces tubercules sont des portions de

racine modifiées, destinées à fournir aux premiers déve-
loppements d'une nouvelle tige dans les plantes *vivaces :* on nomme ainsi celles dont les racines sont persistantes, mais dont les tiges meurent et se renouvellent
chaque année. Plusieurs de ces tubercules, qui semblent
naître sur la racine, appartiennent en réalité à des branches souterraines de la tige, comme ceux de la pomme
de terre : ils sont analogues aux bulbes dont nous allons
parler ; ce ne sont que des tiges modifiées, portant des
yeux ou bourgeons.

Il est d'autres racines qui portent à leur partie supérieure un plateau surmonté d'un bulbe ou oignon, sorte
de bourgeon de forme ovoïde ou globuleuse, enveloppé
d'écailles ou de tuniques membraneuses, qui ne sont
que des feuilles avortées. Ces bulbes sont des tiges modifiées, très raccourcies, des espèces de bourgeons qui
renferment le germe d'une nouvelle tige : ils se forment
dans une année, pour ne se développer qu'un ou plusieurs ans après. On les voit quelquefois s'allonger
comme dans le poireau. On trouve de ces bulbes dans le
lis, la jacinthe, l'ail et les autres plantes de la même famille : ils appartiennent exclusivement, comme les tubercules, aux plantes à racines vivaces et à tiges annuelles. Ils sont quelquefois multiples, c'est-à-dire que,
sous une même enveloppe, on trouve plusieurs petits
bulbes réunis, auxquels on donne le nom de *caïeux.*
Chaque caïeu, et souvent même chaque écaille d'un

bulbe que l'on a détachée et mise en terre, suffit pour régénérer la plante.

9. Relativement à leur durée, on distingue les racines en *annuelles, bisannuelles* et *vivaces*. Les racines annuelles ne subsistent qu'une année : elles appartiennent à des plantes, qui, dans cet espace de temps, se développent et meurent après avoir donné des graines, comme le blé. Les racines bisannuelles ne durent que deux ans : elles appartiennent aux plantes qui ne fleurissent et ne donnent de graines que la seconde année, après quoi elles meurent, comme la carotte. Les racines vivaces sont celles qui subsistent un nombre indéterminé d'années. Les unes portent des tiges ligneuses qui durent autant qu'elles (les arbres); les autres poussent tous les ans des tiges herbacées, que l'on peut appeler annuelles, puisqu'elles se développent et meurent dans le cercle d'une année ; mais les racines leur survivent et n'ont, pour ainsi dire, pas de fin (ex. : l'asperge, la luzerne). Ces distinctions n'ont rien d'absolu ; car, sous l'influence de certaines circonstances, telles que le changement de climat ou les soins de la culture, une plante annuelle peut devenir bisannuelle ou vivace ; et réciproquement.

La tige.

10. La tige est la partie du végétal qui croît en sens contraire de la racine, et qui, cherchant l'air et la lumière,

tend à s'élever verticalement et sert de support aux feuilles, aux fleurs et aux fruits : c'est un intermédiaire entre les racines et les feuilles, chargé de conduire les sucs des unes aux autres. Tous les végétaux à fleurs ont une tige ; mais elle est quelquefois si peu développée ou tellement cachée sous terre, que la plante en paraît dépourvue, et que les feuilles semblent naître de la racine. Il ne faut pas confondre avec elle la hampe ou le support qui soutient les fleurs : il ressemble à une tige, parce qu'il part du collet ; mais il en diffère en ce qu'il est nu, c'est-à-dire sans feuilles. Les plantes vivaces ont quelquefois des tiges souterraines et horizontales, qu'on nomme *souches*, qui poussent par leur partie antérieure des rameaux et des feuilles, tandis que leur partie postérieure se détruit.

11. Une tige est *herbacée*, lorsqu'elle est tendre, verte, et périt chaque année avant de durcir. Les plantes qui ont une pareille tige se nomment des *herbes*. La tige est *demi-ligneuse* lorsque sa base durcit et persiste un grand nombre d'années, tandis que ses rameaux sont herbacés et périssent tous les ans. Les plantes de cette nature sont nommées des sous-arbrisseaux. La tige est *ligneuse*, lorsqu'elle est d'une consistance solide, semblable à celle du bois, et qu'elle persiste après son endurcissement. Les plantes ligneuses sont appelées des *arbustes*, lorsqu'elles poussent des branches dès leur base et ne portent point de boutons ; *arbrisseaux*, quand

elles poussent, dès leur base, des branches avec des boutons ; *arbres*, quand la tige est simple et nue dans sa partie inférieure, et se ramifie seulement vers le haut. Une tige ligneuse ne diffère d'une tige herbacée que par l'augmentation annuelle du nombre de ses fibres et leur endurcissement progressif ; et encore, dans une pareille tige, les jeunes pousses présentent-elles tout à fait l'apparence d'une tige herbacée.

12. La tige est *noueuse*, lorsqu'elle offre d'espace en espace des nœuds ou renflements, plus solides que le reste de la tige, comme dans le blé et toutes les graminées. Elle est *articulée*, lorsqu'elle offre d'espace en espace des places renflées ou non renflées, où elle se rompt facilement et sans déchirement sensible, comme dans les œillets. Les tiges sont simples ou rameuses, cylindriques ou polygonales, droites, obliques ou couchées. On dit qu'une tige est *rampante*, lorsque, étant couchée, elle s'attache à la terre par des racines qu'elle pousse çà et là, comme le lierre ; *traçante*, lorsque du pied principal partent des rejets ou de petites tiges latérales nommées *stolons*, qui s'étendent sur la terre et s'y attachent par des racines en même temps qu'elles reproduisent de nouvelles tiges, comme le fraisier. Une tige est *sarmenteuse*, lorsque, étant longue et faible, elle s'entortille sur les corps voisins et s'y soutient soit par sa torsion autour de ces corps, soit au moyen d'appendices particuliers ; elle est *grimpante*, si elle s'attache aux corps au moyen de

suçoirs, de vrilles, de pattes ou vraies racines; elle est volubile, lorsqu'elle se roule autour d'eux en spirale.

13. La surface des tiges est le plus souvent revêtue de feuilles, et porte en outre quelquefois d'autres organes accessoires, tels que des poils, des aiguillons et des épines. Les *poils* sont des organes filamenteux, produits par une portion saillante d'épiderme, qui s'allonge en un tube. Les *aiguillons* sont des excroissances dures et pointues qui naissent de la partie la plus extérieure de l'écorce, dont ils se détachent avec facilité, comme dans les rosiers. Les *épines* sont des piquants ou des expansions vives qui proviennent du tissu interne de la plante, et qui ne peuvent en être séparés sans un déchirement sensible. Une tige est pubescente, quand elle est couverte de poils; glabre, lorsqu'elle en est complétement dépourvue. On dit de celles qui sont armées d'épines ou d'aiguillons, qu'elles sont épineuses ou aiguillonneuses, et de celles qui sont privées de ces espèces de défenses, qu'elles sont inermes.

14. Il est plusieurs sortes de tiges qui ont reçu des noms particuliers. On appelle *tronc* la tige des arbres dicotylédons, qui est de forme conique, nue inférieurement, et ramifiée dans sa partie supérieure. Elle est formée intérieurement de fibres disposées par couches concentriques et superposées. Ces couches se partagent en deux systèmes (l'écorce et le bois), qui croissent en épaisseur par de nouvelles fibres, lesquelles se dévelop-

pent toujours sur celle des surfaces de chacun de ces systèmes qui est en contact avec l'autre système. L'écorce, qui forme le système extérieur, est épaisse et souvent sèche et crevassée.

On nomme *stipe* une tige propre aux arbres monocotylédons, qui est droite, cylindrique, et couronnée à son sommet par un bouquet de feuilles entremêlées de fleurs. Les fibres qui la composent ne forment point de couches distinctes, mais des faisceaux épars au milieu d'une masse de tissu cellulaire. Cette tige se ramifie très rarement, et n'a point d'écorce proprement dite.

Le *chaume* est une tige simple ou rarement ramifiée, cylindrique, et munie d'espace en espace des nœuds solides, de chacun desquels part une feuille à base roulée en gaîne ; les entre-nœuds sont ordinairement creux dans leur intérieur. Le blé, le seigle, l'avoine et les autres graminées nous offrent cette sorte de tige.

16. Les tiges produisent des bourgeons, qui contiennent les rudiments de nouvelles pousses, et qui naissent presque toujours à l'aisselle des feuilles, c'est-à-dire dans l'angle situé au-dessus de leur point d'attache et formé par la feuille elle-même avec la partie supérieure de la tige. Dans les arbres dicotylédons, la plupart des bourgeons, en se développant et s'allongeant, se transforment en branches chargées de feuilles, et ces branches à leur tour donnent naissance à de nouveaux bourgeons, d'où sortent les rameaux ; ainsi se forme la

partie branchue de la tige, à laquelle on donne le nom de *cime*. La position des branches sur le tronc se trouve donc déterminée par la position des bourgeons, et celle-ci l'est par la position des feuilles, qui est soumise à des lois constantes.

16. Le tronc et le stipe diffèrent d'une manière notable par leur structure intérieure. Ainsi que nous l'avons déjà dit, le tronc se compose de deux systèmes de couches le corps ligneux et l'écorce (fig. 7). La partie interne du corps ligneux, qui est plus ancienne et plus dure, est le bois proprement dit ; la partie externe qui est plus tendre et plus nouvelle, se nomme *aubier*. L'écorce offre pareillement une partie plus dure et plus ancienne, composée de couches qu'on nomme *corticales*, et une partie plus tendre et plus nouvelle, qu'on nomme le *liber* ; mais ces deux parties sont placées en sens inverse des premières, le liber se trouvant à l'intérieur. Chaque année, il se produit une nouvelle couche d'aubier qui se place en dehors de celle de l'année précédente, et une nouvelle couche de liber, qui se place en dedans de l'ancienne. Au centre du corps ligneux est la moelle, composée de tissu cellulaire, et contenue dans un canal fibreux, appelé canal médullaire, formé en grande partie de trachées. En dehors des couches corticales, et sous l'épiderme est une autre couche de tissu cellulaire, qu'on nomme l'*enveloppe herbacée*. Des prolongements ou rayons médullaires établissent une communication entre

Fig. 7.

Fig. 8.

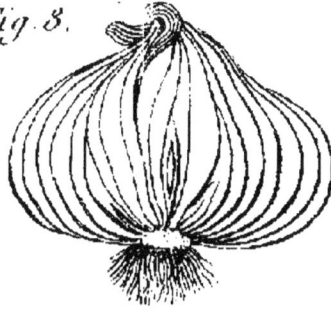

Fig. 9.

Fig. 10.

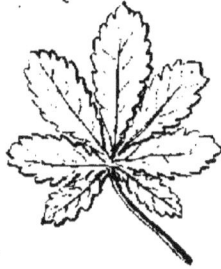

Fig. 11.

Fig. 13.

Fig. 12.

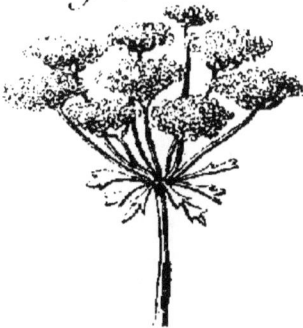

Fig. 14.

Fig. 15. a.

Fig. 15. b.

Fig. 16.

cette espèce de moelle externe et la moelle interne.

Le stipe diffère du tronc en ce que les fibres nouvelles ne s'y divisent pas en deux couches qui se séparent, en sorte qu'on ne peut y distinguer ni moelle centrale, ni rayons médullaires, ni systèmes ligneux et cortical. L'accroissement se fait au moyen de nouveaux faisceaux de fibres, qui s'interposent entre les précédents, paraissant dans le haut du stipe sortir de la partie centrale, mais bientôt dans leur trajet de haut en bas se rejetant vers la surface, de manière à se placer bientôt en dehors de toutes les fibres plus anciennes. La solidité du stipe décroît donc de la circonférence vers le centre. Lorsque le tissu extérieur est une fois endurci ou solidifié, la tige n'augmente plus en diamètre.

Les bourgeons.

17. Un *bourgeon* n'est autre chose que le premier âge d'une tige ou d'un rameau, qui porte des feuilles et souvent même des fleurs. Par son allongement, il devient une jeune pousse. On donne particulièrement le nom de bouton à celui qui ne s'allonge pas en se développant, et qui après son évolution complète prend la forme d'une fleur. Il naît quelquefois sur les tiges, à l'aisselle des feuilles ou à la place des fleurs ou des graines, de petits tubercules, qui peuvent se détacher de la plante et sont susceptibles de produire de nouveaux individus, quand

on les sème, comme le font des graines : cette espèce de bourgeon porte le nom de *bulbille*; il diffère de la graine, en ce que le germe qu'il contient n'exige pas pour se développer une fécondation préalable, comme celui d'une véritable graine.

18. Les bourgeons sont de deux sortes : les réguliers et les adventifs. Les bourgeons réguliers ne se développent qu'à l'extrémité des branches ou à l'aisselle des feuilles. Ils commencent à poindre en été, et portent alors le nom d'*yeux* ; ils grossissent un peu en automne, restent stationnaires pendant l'hiver, se gonflent au retour du printemps, c'est alors qu'on les appelle proprement des bourgeons. Ils sont de différentes formes, ovoïdes, coniques, arrondis, etc. Souvent ils sont protégés dans leur jeunesse par des écailles, qui ne sont autre chose, pour la plupart, que des feuilles avortées ; on les nomme alors bourgeons écailleux. Les écailles des bourgeons sont disposées en anneaux circulaires (verticilles), ou en spirales. Dans le premier cas, elles sont égales et se joignent par leurs extrémités, lorsque le bourgeon est clos; dans le second, elles sont superposées et se dépassent les unes les autres. Le développement des bourgeons d'une branche suit une marche inverse de celle que l'on observe ordinairement dans le développement des fleurs; ce sont les bourgeons supérieurs de la branche qui se développent les premiers, et le développement se continue de haut en bas.

On donne le nom de bourgeons adventifs à ceux qui naissent accidentellement et sans ordre, après l'évolution de la tige et des feuilles, dans les racines, au milieu du bois, sur le bord ou sur la surface des feuilles.

Les bourgeons radicaux, ou qui naissent du collet de la racine, ont reçu des dénominations particulières. Ceux des plantes vivaces, qui sont placés à fleur de terre, portent le nom de *turions* : tel est celui de l'asperge, dont on mange la jeune pousse. Ceux qui sont souterrains et formés d'écailles imbriquées ou de membranes concentriques, se nomment *bulbes* ou *oignons* : tel est celui de la tulipe (fig. 8).

Les feuilles.

19. Les *feuilles* sont des appendices membraneux qui se détachent de la tige immédiatement au-dessous de l'origine des bourgeons. Elles sont formées par l'épanouissement de faisceaux de fibres entremêlées de tissu cellulaire; la partie inférieure, dans laquelle les fibres sont serrées les unes contre les autres sans se désunir, est le *pétiole* de la feuille; la portion plane, dans laquelle les fibres se séparent en se subdivisant successivement, en forme le limbe ou la *lame*. On distingue dans le limbe les fibres ramifiées, qu'on nomme *nervures*, et qui sont pour ainsi dire le squelette de la feuille; le parenchyme du tissu cellulaire interposé, qui

est tendre et verdâtre; et enfin un épiderme plus ou
moins muni de stomates qui revêt les deux faces du limbe.
Les feuilles sont des organes de respiration et d'éva-
poration, destinés à absorber et à exhaler les fluides
propres ou devenus inutiles à la vie du végétal. Dans les
arbres les deux surfaces d'une feuille ont une structure,
une apparence et des fonctions différentes : la surface
supérieure est ordinairement plus lisse, plus vernissée,
et moins pourvue de stomates; l'inférieure est plus
mate, d'une couleur moins foncée et souvent recouverte
de poils ou de duvet. Là destination de ces deux surfaces
est tellement distincte et prononcée, que si on les re-
tourne elles reprennent d'elles-mêmes leur position naturelle.

20. La base du pétiole se dilate quelquefois, devient
plane, et s'étend soit seulement dans le sens transversal
autour de la tige, soit en outre de haut en bas, formant
une gaîne à la tige; on dit dans le premier cas que la
feuille est *embrassante*, et dans le second, qu'elle est
engaînante. Lorsque le pétiole manque tout à fait, on
dit que la feuille est *sessile*. Tantôt le tissu cellulaire de
la feuille est continu avec celui de la tige, et tantôt il y
a interruption au point de jonction; dans ce dernier cas,
la feuille est *articulée*. Les feuilles articulées sont en
même temps caduques, c'est-à-dire qu'elles tombent de
bonne heure, indépendamment de la branche qui les
porte. Elles exécutent des mouvements très sensibles, et

prennent pendant la nuit une position différente de celle qu'elles ont pendant le jour, phénomène que l'on a désigné sous le nom de sommeil des feuilles.

21. Toutes les différences que présentent les feuilles tiennent aux dispositions diverses de leurs nervures, et au développement plus ou moins grand du parenchyme intermédiaire. Dans les dicotylédones, les nervures se ramifient en se réunissant, et forment ainsi une espèce de réseau ; dans les monocotylédones, elles courent parallèlement à elles-mêmes, et sont liées par de simples veines transversales non ramifiées. La feuille est *simple*, lorsque la lame n'est pas divisée, ou si elle est découpée en plusieurs lobes, lorsque les divisions ne sont pas articulées avec le pétiole (fig. 9). La feuille est *composée*, lorsque ses divisions sont articulées avec le pétiole. On distingue parmi les feuilles composées celles dont les parties ou folioles naissent en divergeant du sommet du pétiole commun (fig. 10) ; on les nomme à cause de cela feuilles *palmées* ou *digitées;* et celles dont les folioles naissent sur les parties latérales du pétiole, fig. 11 (feuilles *pennées*). Dans ce dernier cas, les folioles sont ou alternes, ou conjuguées par paires, avec ou sans une foliole impaire au sommet.

22. Les feuilles se développent alternativement l'une au-dessus de l'autre, autour de leur axe commun ; mais par suite du développement inégal des entre-nœuds, les feuilles sont souvent opposées ou verticillées. Dans les

plantes dicotylédones, les feuilles séminales (ou les cotylédons) offrent cette dernière disposition dans la graine.
Il y a dans les feuilles opposées ou verticillées une
tendance constante à devenir alternes. Les feuilles séminales sont les premières feuilles qui se développent à la
naissance d'une plante; elles sont ordinairement charnues. Après celles-ci, il se développe un nombre indéfini
de systèmes de feuilles, qui occupent la longueur de la
tige. Les premières sont appelées feuilles primordiales;
elles sont placées en dedans des cotylédons. Les feuilles
qui avoisinent les fleurs ont reçu le nom de *bractées*,
ou de feuilles florales : ce sont des feuilles qui ont
éprouvé quelque modification de forme ou d'aspect. Elles
sont souvent rapprochées par l'effet du raccourcisse-
ment des axes, et forment autour de la fleur une sorte
de collerette qu'on nomme *involucre.* Quelques involucres portent des noms particuliers; ceux de spathe,
de glume, etc. On donne le nom de *stipules* à de petits
organes de nature foliacée, qui sont attachés de chaque
côté à la base du pétiole; elles sont au nombre de deux,
et quelquefois soudées entre elles; on peut les considé-
rer comme des feuilles rudimentaires. Elles sont ou persistantes, ou caduques. On donne le nom de vernation
ou de gemmation à la manière dont les feuilles sont ar-
rangées dans les bourgeons.

DES ORGANES DE LA REPRODUCTION.

23. Tous les végétaux ont fait primitivement partie d'un corps de même espèce qu'eux, soit à l'état de branches, boutures ou tubercules, soit à l'état de germes, dont le développement a exigé une opération qu'on nomme *fécondation*, et qui leur a donné une vie propre et indépendante. Dans le dernier cas, il y a nécessairement des organes particuliers, dont les uns produisent les germes et les autres servent à les féconder. Ce sont les organes fructificateurs, les pistils et les étamines. La combinaison de ces organes avec d'autres qui les entourent et les protègent, constitue un organe complexe auquel on donne le nom de *fleur*.

24. On appelle *inflorescence* l'arrangement des fleurs sur la tige ou ses ramifications. Les fleurs sont ou sessiles sur les branches, ou portées sur un axe ou rameau particulier qu'on nomme *pédoncule*. C'est l'ensemble des pédoncules et des rameaux qui les portent qui constitue l'inflorescence.

Les fleurs sont disposées en *épi*, lorsqu'elles naissent le long d'un axe central, à l'aisselle des feuilles, sans être munies de pédoncules (fig. 12); l'épi peut être simple ou composé. Cette espèce d'inflorescence est susceptible de plusieurs modifications. On donne le nom de *chaton* à un épi dont les bractées sont serrées et imbriquées, et qui s'articule avec la tige; celui de *cône* à un épi dont les bractées sont très grandes ou grandissent beaucoup après la floraison; celui de *spadice* ou *régime* à un épi dont l'axe est succulent, et qui est enveloppé dans sa jeunesse par une large bractée engaînante ou spathe.

La *grappe* ne diffère de l'épi que parce que ses fleurs sont pédonculées : elle est pareillement simple ou composée. On donne le mon de *thyrse* à une grappe composée, dans laquelle les pédoncules du milieu sont plus longs que ceux de la base et du sommet; celui de *panicule* à une grappe composée, dont les rameaux inférieurs sont étalés et très allongés; celui de *corymbe* à une grappe, dont les pédoncules inférieurs sont très longs et les supérieurs très courts; celui de *cyme* à une panicule, dont les ramifications s'allongent de manière qu'elle prend l'apparence d'une ombelle.

Les fleurs sont disposées en *ombelle* (fig. 13), quand tous les pédoncules partent d'un même point et arrivent à peu près à la même hauteur, comme les rayons d'un parasol. Elles sont en tête ou en *capitule*, quand les pédoncules étant nuls ou très courts, les fleurs sont ramassées et tellement serrées, qu'on est tenté de les prendre pour une seule fleur. Il y a le même rapport entre le capitule et l'ombelle qu'entre l'épi et la grappe.

25. On peut distinguer les inflorescences en deux classes : les inflorescences définies ou terminées, et les

inflorescences indéfinies. Dans les premières, l'axe principal est terminé par une fleur, ainsi que ses ramifications ou axes secondaires : le développement ou l'évolution des fleurs commence toujours par les fleurs centrales ou terminales, et procède du centre vers la circonférence ; elle est dite centrifuge. Dans les secondes, l'axe principal n'est pas terminé par une fleur, et tend continuellement à s'allonger ; l'évolution des fleurs commence toujours par les plus inférieures ou les plus extérieures, elle est dite centripète. Il y a des inflorescences mixtes ou composées, dans lesquelles chaque axe ou rameau particulier suit l'un des deux modes d'évolution, dont nous venons de parler, tandis que l'ensemble des axes suit l'autre mode.

De la fleur.

26. La *fleur* est un appareil composé des organes de la fructification, et de leurs enveloppes. Dans son état le plus complexe, elle est formée à l'extérieur de deux verticilles ou rangées circulaires de pièces foliacées, qu'on nomme les enveloppes florales ou le périanthe, et à l'intérieur de deux autres verticilles d'organes, qui sont les parties essentielles de la fleur ou les organes de la fructification (fig. 14). Ces derniers sont moins semblables à des feuilles par leur forme la plus ordinaire ; cependant ils s'en rapprochent par leur nature, et quel-

quefois tendent à reprendre l'apparence de véritables feuilles; ce ne sont pour ainsi dire que des feuilles métamorphosées. La sommité du pédoncule, d'où naît la fleur, offre une expansion à laquelle sont attachées les parties internes de celle-ci, et qu'on nomme le *réceptacle*.

La première enveloppe est formée de deux ou plusieurs pièces appelées sépales ou folioles, qui peuvent être libres entre elles ou soudées plus ou moins par leurs bords. Ces pièces sont généralement vertes comme des feuilles, leur ensemble porte le nom de *calice*. Lorsqu'elles sont libres, le calice est dit *polysépale*. On l'appelle *monosépale* ou *monophylle*, lorsque les sépales sont plus ou moins adhérents par leurs bords.

La seconde enveloppe florale est formée de plusieurs pièces appelées *pétales*, qui sont pareillement ou libres ou soudées entre elles : l'ensemble des pétales porte le nom de *corolle*. Ce sont des organes peu différents des sépales, mais d'ordinaire plus membraneux, et d'une couleur plus vive. On distingue dans un pétale deux parties : la partie supérieure, élargie, de forme variable, et qu'on nomme la *lame;* et la partie inférieure, rétrécie, plus ou moins allongée, par laquelle il est attaché au réceptacle, et qu'on appelle l'*onglet. La* corolle est *polypétale*, lorsque les pétales sont distincts, et *monopétale*, lorsqu'ils sont réunis en un seul par les bords.

27. Le troisième verticille de la fleur est formé par les

étamines, le plus souvent libres, quelquefois soudées entre elles. Ces organes sont ordinairement composés de deux parties : une partie essentielle, supérieure, qu'on nomme *anthère*, sorte de poche dans laquelle est contenu le *pollen* ou la poussière fécondante. Cette poussière est un amas de petites coques, dont chacune contient une multitude de granules (ou de grains beaucoup plus petits), lesquels sont destinés à rendre féconds les rudiments de graines que renferment les pistils. La seconde partie de l'étamine, qui est moins essentielle et manque quelquefois, est un support filamenteux sur lequel l'anthère est attachée, auquel on donne le nom de *filet*, et qui est analogue au pétiole d'une feuille (fig. 15). Ce filet est susceptible de se développer en membrane, et l'on voit les étamines se transformer souvent en pétales dans ce qu'on nomme une *fleur double*. L'anthère est le plus généralement formée par deux petites loges accolées l'une à l'autre, et réunies quelquefois par un corps intermédiaire appelé connectif. Tout ce qui est placé entre les étamines et le quatrième verticille de la fleur, reçoit le nom de *disque*, ou de *nectaire*. Ce n'est souvent qu'une simple expansion du réceptacle; mais quelquefois c'est le résultat de l'avortement de plusieurs verticilles d'étamines ou de pistils; car chaque sorte de verticille est susceptible de se doubler ou de se multiplier un grand nombre de fois, surtout ceux qui sont intérieurs.

28. Le quatrième verticille qui occupe le centre de la

fleur se compose de pièces nommées *carpelles* ou *pistils simples*, dont l'ensemble forme le pistil total ou pistil proprement dit. Ces pièces sont quelquefois libres, mais le plus souvent soudées entre elles, de manière que le pistil total semble être un organe unique. Un carpelle se compose de trois parties, l'ovaire, le style et le stigmate. *L'ovaire* est la partie inférieure, qui est renflée, de forme arrondie, et renferme les ovules ou rudiments de graines. Le style est la partie moyenne qui réunit l'ovaire avec le stigmate : il est presque toujours de forme filamenteuse, et manque quelquefois. L'extrémité supérieure est le stigmate : c'est un corps glanduleux et visqueux, qui retient le pollen au moment de la fécondation. L'ovaire est ordinairement sessile au fond de la fleur : cependant dans quelques plantes, il est porté sur un support particulier, qui a beaucoup d'analogie avec le pétiole d'une feuille. Chaque carpelle n'est en effet qu'une feuille modifiée, dont la lame a été pliée en dedans sur elle-même, la surface inférieure étant en dehors, et dont la nervure médiane s'est prolongée en style. Les bords de cette feuille ne s'unissent pas toujours l'un à l'autre, mais dans ce cas les bords de chaque carpelle se réunissent à ceux des carpelles adjacents : lorsque les deux bords d'un même carpelle, ou de deux carpelles voisins, parviennent à se joindre, il se produit à leur jonction un développement de tissu cellulaire, qui constitue ce qu'on nomme un *placenta*. Ce placenta, sur lequel naissent les graines,

est formé de deux parties, dont chacune se rapporte à
l'un des bords réunis.

29. On voit par ce qui précède que tous les verticilles
de la fleur ne sont que des organes foliacés, diversement
modifiés selon leur position. La fleur, avec son pédoncule, n'est qu'une branche qui a été arrêtée dans son développement, et a subi dans ses parties des changements
de forme plus ou moins notables. Les différents verticilles
sont soumis à de certaines lois d'arrangement, qui déter-
minent la symétrie de la fleur. Chaque pièce d'un verticille
(du moins lorsque chaque sorte de verticille est unique),
est généralement située entre deux pièces du verticille qui le précède, ou de celui qui le suit : en d'autres
termes, les pièces des verticilles voisins alternent entre
elles. Par conséquent, les pétales sont alternes avec les
sépales, les étamines avec les pétales, les carpelles avec
les étamines. Il résulte de là que les nombres de pièces
qui composent les différents verticilles sont généralement
égaux entre eux. Dans le cas contraire, ils sont des multiples simples les uns des autres, à moins que des avor-
tements de parties n'aient dérangé la symétrie primitive.

30. Les fleurs peuvent différer entre elles par le nombre des pièces qui composent soit les enveloppes, soit les
organes fructificateurs. Ainsi un calice peut être à deux,
trois, quatre, etc., sépales ; la corolle peut être à deux,
trois, quatre, etc., pétales. Nous avons vu que ces enveloppes pouvaient, par la soudure de leurs parties, être

ramenées en apparence à une seule pièce (calice monosépale : corolle monopétale). Une fleur peut avoir une,
deux, trois, quatre, etc. , étamines, ce que l'on exprime
en disant qu'elle est *monandre, diandre, triandre, té-
trandre*, etc. ; de même elle peut présenter un, deux,
trois, quatre, etc., carpelles, ce qui s'exprime par les
termes de *monogyne, digyne, trigyne, tétragyne*, etc. ;
les fleurs n'offrent jamais une seule étamine, ou un seul
carpelle, que lorsqu'il y a eu avortement d'un ou de
plusieurs organes semblables.

31. Jusqu'à présent, nous avons supposé que la fleur
était complète : mais elle peut offrir moins de quatre verticilles. Elle peut être sans corolle ou *apétale*; *nue*, ou
privée de ses deux enveloppes ; *hermaphrodite*, ou pourvue d'étamines et de pistils; *unisexuelle*, c'est-à-dire
n'offrant que l'un ou l'autre de ces deux organes. Dans
ce dernier cas, on la dit *fleur mâle*, quand elle ne renferme que des étamines, et *fleur femelle*, quand elle ne
contient que des pistils. Les plantes à fleurs unisexuelles
sont appelées *monoïques*, lorsque le même pied porte à
la fois des fleurs mâles et des fleurs femelles; *dioïques*,
lorsque les fleurs mâles sont sur un individu et les femelles sur un autre; *polygames*, lorsque le même pied porte
à la fois des fleurs hermaphrodites et des fleurs unisexuelles.

32. Nous avons dit que les étamines pouvaient être
soudées entre elles de plusieurs manières. Elles le sont

en effet, tantôt par les anthères seulement, et dans ce cas on les appelle *syngénèses ;* tantôt par les filets et les anthères à la fois, ce qui est très rare ; tantôt enfin par les filets seulement. Dans ce dernier cas, on les dit *monadelphes*, si elles ne forment qu'un seul faisceau : *diadelphes*, si elles forment deux faisceaux distincts ; *polyadelphes*, si elles forment plus de deux faisceaux. Lorsque les filets sont réunis tous ensemble, ils forment un tube plus ou moins complet, à travers lequel passe le style.

33. Les carpelles peuvent être soudés entre eux par les ovaires seuls ; par les ovaires et les styles à la fois, les stigmates étant libres ; par les ovaires, les styles et les stigmates à la fois ; par les styles et les stigmates, les ovaires restant libres ; et enfin par les stigmates seuls. Lorsque plusieurs carpelles verticillés se soudent ensemble par les ovaires seulement, il en résulte un ovaire en apparence unique, à plusieurs styles et à plusieurs loges (multiloculaire), si les deux bords de chaque carpelle se réunissent au centre ; à une seule loge au contraire (uniloculaire), si les bords de chaque carpelle ne s'unissent qu'avec ceux des carpelles voisins, sans converger vers le centre.

34. L'ovaire peut être libre ou adhérent au calice. Dans ce dernier cas, on n'aperçoit au fond de la fleur que le style et le stigmate ; mais au-dessous est un renflement particulier, distinct du sommet du pédoncule ; c'est l'ovaire, qui fait corps avec le tube du calice, lequel est

nécessairement alors monosépale. Souvent il arrive que
le réceptacle se développe au-dessus de l'ovaire, vers le
point où le limbe du calice s'en sépare, et qu'il forme un
disque épaissi d'où naissent les pétales et les étamines :
dans ce cas, on dit de celles-ci qu'elles sont *épigynes*
(sur l'ovaire), et de la corolle qu'elle est *supère.* Dans
quelques plantes, les filets des étamines se soudent en un
seul corps avec le pistil, en sorte que les anthères semblent être posées sur le style ou le stigmate. Ces plantes
sont désignées par l'épithète de *gynandres.* Lorsque
l'ovaire n'adhère point au calice, et qu'il est visible au
fond de la fleur où il n'est attaché que par sa base, on dit
qu'il est *libre* ou *supère.*

35. Lorsque les étamines adhèrent avec les parois du
calice, elles sont *périgynes.* Si elles ne contractent aucune adhérence avec le calice, l'ovaire étant libre, elles
sont *hypogynes* (sous l'ovaire), et la corolle est *infère.*
Mais deux cas peuvent avoir lieu dans les fleurs hypogynes, selon que les pétales et les étamines adhèrent
entre eux ou sont distincts. Dans le cas où les étamines
adhèrent par leurs filets avec la corolle, celle-ci est presque toujours monopétale, et l'on dit de la corolle qu'elle
porte les étamines. Dans le cas où il n'y a aucune adhérence entre les étamines et les pétales, ceux-ci sont presque constamment libres entre eux, c'est-à-dire que la
corolle est *polypétale.*

36. Les enveloppes florales peuvent offrir dans leur

Fig. 17.

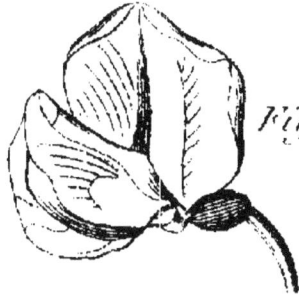

Fig. 18.

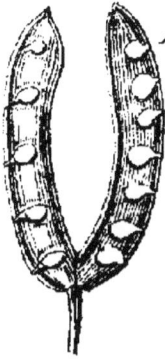

Fig. 19.

Fig. 20.

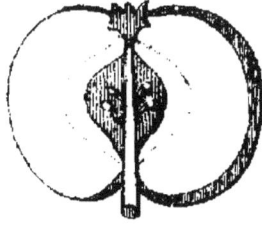

Fig. 21.

Fig. 22.

Fig. 23.

Fig. 24.

Fig. 25.

Fig. 26.

forme d'assez grandes variations. Le calice monosépale peut être tubuleux ou en tube un peu allongé ; *urcéolé*, c'est-à-dire renflé à sa base et resserré à la gorge comme une petite outre : *campanulé* ou en cloche ; *bilabié* ou à deux lèvres ; irrégulier, etc. La corolle monopétale peut être de même tubuleuse, *campanulée*, *infundibuliforme* ou en entonnoir, fig. 16 ; *rotacée* ou en roue, *étoilée*, *labiée* ou en lèvre, fig. 17 ; *personnée* ou en forme de muffle ou de masque ; *éperonnée* ou portant à sa base une sorte de corne ; *ligulée* ou se déjetant en languette d'un côté, etc. La corolle polypétale peut être *cruciforme*, c'est-à-dire composée de pétales à onglets allongés et disposés en croix ; *rosacée*, c'est-à-dire composée de pétales à onglets courts, étalés en rosace, comme dans la rose ; *caryophyllée*, ou formée de cinq pétales à onglets allongés et cachés par le calice, comme dans l'œillet ; *papilionacée*, c'est-à-dire, composée de cinq pétales irréguliers, dont la réunion imite grossièrement un papillon qui aurait ses ailes étendues (fig. 18). De ces cinq pétales, l'un est supérieur et ordinairement relevé : on le nomme *étendard* ; deux sont inférieurs et le plus souvent soudés l'un à l'autre par leurs bords : ils forment la *carène*, ainsi nommée parce qu'elle représente l'avant d'une nacelle ; elle renferme presque toujours les étamines et le pistil. Enfin les deux derniers sont latéraux et constituent les ailes. (**Ex.** : le pois, le haricot.)

37. Les étamines peuvent être inégales en longueur.

On dit qu'elles sont *didynames*, quand, sur quatre étamines, il y en a deux plus longues (les labiées); *tétradynames*, quand, sur six étamines, il y en a quatre plus longues que les deux autres (ex. : le chou et toutes les crucifères). Le nombre des ovules contenus dans chaque carpelle on dans chaque loge de l'ovaire est variable dans les différentes espèces : il peut dans quelques-unes se réduire à l'unité, mais ce cas est toujours le résultat de l'avortement d'un ou de plusieurs ovules. Les ovules sont pendants, lorsqu'ils sont attachés au sommet de la cavité du carpelle; ils sont droits ou ascendants, lorsque, attachés au fond de la cavité, ils se dirigent de bas en haut.

Du fruit.

38. Le fruit est à proprement parler l'ovaire parvenu à maturité, après la fécondation; mais on donne aussi par extension ce nom à l'ovaire et aux enveloppes florales, lorsque le tout est soudé en une seule masse, et même à l'ensemble des ovaires qui ont pu s'entregreffer par suite de leur rapprochement dans une même fleur ou dans plusieurs fleurs portées sur un même pédoncule. On nomme *fruit simple* celui qui n'est composé que d'un seul carpelle (la cerise) ou qui est formé de plusieurs carpelles appartenant à la même fleur et intimement soudés entre eux (la capsule du lis); *fruit mul-*

tiple celui qui provient de plusieurs carpelles naturellement isolés dans une seule fleur (la framboise) ; *fruit composé* ou *agrégé* celui qui est formé par la réunion ou le rapprochement de plusieurs carpelles qui proviennent originairement de fleurs distinctes (la figue, la mûre).

Le fruit n'étant autre chose que le pistil parvenu à maturité, sa structure doit être analogue à celle du pistil ; mais dans le cours de la maturation du fruit plusieurs changements peuvent avoir lieu dans l'ovaire, par suite de non développement, d'oblitération ou de soudure de parties, en sorte que le type primitif peut être plus ou moins altéré. Quelquefois un pistil à plusieurs loges produit un fruit à une seule loge (le noisetier) ; dans d'autres cas, un pistil qui n'a qu'une ou deux loges se change en un fruit qui en a un plus grand nombre.

39. La partie qui enveloppait les ovules dans le pistil devient le *péricarpe* dans le fruit. On distingue quatre choses dans un fruit : le péricarpe, les graines, le placenta et le funicule ou cordon ombilical. Le placenta est une sorte de bourrelet saillant à l'intérieur du péricarpe, et auquel les graines sont attachées. Le funicule est le filet au moyen duquel la graine adhère au péricarpe. Le péricarpe est composé de trois parties : une membrane extérieure nommée *épicarpe*, une autre qui tapisse l'intérieur et qu'on appelle *endocarpe*, et une substance intermédiaire souvent charnue, qui a reçu le nom de

sarcocarpe. Quelquefois ces trois parties sont très distinctes, comme dans la pêche ; mais le plus souvent on n'en voit que deux, ou même elles sont toutes soudées en un seul corps. La base du fruit est à son point d'attache au pédoncule ; le sommet est à l'endroit où l'on aperçoit des restes du style. Lorsqu'un péricarpe ne s'ouvre point de lui-même à sa maturité, on le dit *indéhiscent ;* lorsque au contraire il s'ouvre et se rompt en plusieurs parties, il est *déhiscent.* Les différentes pièces dans lesquelles il se sépare se nomment *valves.* La déhiscence du péricarpe peut avoir lieu de différentes manières : par le dédoublement des cloisons, ou le décollement des carpelles (déhiscence *septicide*) ; par le dos des carpelles et le milieu des loges (déhiscence *loculicide*) ; par le haut ou par le bas seulement des carpelles, par des espèces de trous ou de pores, etc.

40. Parmi les fruits simples provenant d'un seul carpelle, on distingue le follicule, la gousse, la cariopse, l'utricule et la drupe. Le *follicule* est un carpelle qui ne s'ouvre que d'un seul côté : c'est un fruit sec, à une seule valve et à une seule loge. La *gousse* ou le légume est un fruit sec, allongé, à une seule loge et à deux valves, parce qu'il s'ouvre non seulement par le côté qui porte les graines, comme le follicule, mais encore le long de la ligne opposée ou dorsale (fig. 19). Lorsque le légume est partagé en plusieurs pièces par des articulations transversales, on le dit *lomentacé.* La *ca-*

riopse est un fruit sec, indéhiscent, monosperme ou à une seule graine, et dont le péricarpe membraneux est tellement adhérent à cette graine qu'il se confond avec son enveloppe (le fruit du blé). L'*akène* ne diffère du précédent qu'en ce que le péricarpe n'adhère pas à la graine ou du moins s'en sépare aisément. Dans l'utricule, la séparation existe de même, et le péricarpe est mince et peu apparent. La *drupe* est un fruit charnu, qui renferme à l'intérieur un noyau ou une loge formée par un endocarpe osseux ou ligneux (la cerise, la prune).

Parmi les fruits simples, provenant de la soudure des carpelles d'une même fleur, nous citerons : la *capsule* qui est un péricarpe sec et déhiscent, ordinairement à plusieurs loges ; la *silique* qui est une capsule à deux loges à placentas pariétaux séparés par une cloison membraneuse (fig. 20), en sorte que les graines forment dans chaque loge deux séries distinctes ; la *baie* est un fruit succulent, sans noyau, et dont les graines deviennent libres lorsqu'elles sont mûres, et restent détachées au milieu d'une pulpe. L'*orange* est un fruit charnu, divisé intérieurement en plusieurs loges membraneuses (quartiers d'orange), dont la cavité est remplie de petits sacs pulpeux. La *pomme* est un fruit charnu couronné par les lobes du calice, renfermant plusieurs loges distinctes à endocarpe osseux ou membraneux (fig. 21) ; le *nuculaine* est un fruit composé de plusieurs drupes, réunies et soudées par leurs parties charnues ; le *pépon* est un fruit charnu, composé de plusieurs carpelles à bords non rentrants et à placentas pariétaux.

Parmi les capsules, on distingue celles où les placentas sont pariétaux, et où les carpelles non repliés en dedans se joignent seulement par leurs bords comme les douves d'un tonneau ; celles où les placentas sont axillaires, ou s'étendent verticalement le long d'un axe commun, celles où les placentas sont centraux, c'est-à-dire dont les graines sont placées au centre et à la base du fruit, la capsule paraissant uniloculaire, au moins dans sa partie supérieure.

41. Les fruits multiples sont ceux qui résultent de la réunion de plusieurs fruits simples, provenant de carpelles naturellement isolés dans une même fleur. Ainsi, deux akènes forment le fruit des ombellifères ; des follicules réunis constituent celui de l'apocyn ; de petites drupes groupées sur un axe charnu forment le fruit de la ronce, de la fraise ou de la framboise.

Les fruits agrégés sont formés par la réunion plus ou moins intime de petits fruits provenant de fleurs distinctes, mais placées très près les unes des autres, comme le sont les fleurs en tête, en ombelle, en épi. Tels sont la figue, la mûre, le cône, etc.

La *figue* est une sorte d'involucre charnu dont le sommet est à peine ouvert, et qui est tapissé intérieurement de petites drupes ou cariopses provenant d'autant de fleurs femelles.

La *mûre* se compose de plusieurs fruits simples soudés en un seul corps par l'intermédiaire de leurs enveloppes florales, succulentes et entregreffées, de manière à représenter une baie mamelonnée, que l'on nomme *sorose*.

Le *cône* est formé par le rapprochement en une seule masse conique de bractées, considérablement accrues et épaissies, qui cachent dans leur aisselle des utricules membraneuses. Il provient d'un assemblage de fleurs disposées en chaton. Tel est le fruit du pin, du sapin, du bouleau, etc., et en général des végétaux appelés *conifères*.

De la graine.

42. La *graine* ou semence est cette portion du fruit qui est contenue dans la cavité du péricarpe, et qui renferme elle-même l'embryon ou le rudiment d'une plante nouvelle : c'est l'ovule fécondé et parvenu à sa maturité. On distingue d'abord dans une graine deux parties essentielles : les téguments et l'amande. Quelquefois il s'y joint une enveloppe accessoire, et tout à fait extérieure (l'arille), qui n'est qu'une expansion du funicule. Les téguments sont souvent adhérents entre eux de manière à ne former en apparence qu'une seule membrane ; mais souvent aussi il y a deux membranes distinctes, l'une extérieure, qu'on appelle *testa*, l'autre intérieure et plus

mince (le *tegmen*). Le lieu où le funicule s'attache à la graine et où les vaisseaux qu'il contient percent le testa pour aller chercher l'embryon, se nomme le *hile*. L'embryon n'étant pas toujours placé directement devant le hile, les vaisseaux nourriciers dont se compose le funicule rampent entre les deux membranes et vont percer la membrane intérieure dans un autre point, plus ou moins éloigné du premier, appelé *chalaze*. La saillie en forme de cordon, produite par les vaisseaux qui vont du hile à la chalaze, est ce qu'on nomme le *raphé*. Dans beaucoup de graines on aperçoit à la surface, outre le hile, une petite ouverture qui est le *micropyle* : c'est par cette ouverture que la matière fécondante du pollen s'introduit dans l'amande. La radicule de l'embryon est généralement dirigée de son côté. Le côté de la graine où est le hile en est la base ; le côté opposé en est le sommet. La chalaze est tantôt près du hile, tantôt sur le côté de la graine, et tantôt à son sommet.

43. On distingue dans l'amande, ou le noyau d'une graine mûre, deux parties : le *périsperme* (ou l'*albumen*), et l'*embryon* (ou la *plantule*). La première partie peut manquer ; la seconde seule est constante et par conséquent essentielle. L'embryon est un être organisé, une petite plante en miniature qui, par la germination, doit s'accroître et se développer. Le périsperme au contraire est une masse de tissu cellulaire, quelquefois dure et cornée (comme dans le café), quelquefois charnue et

molle (comme dans le ricin), d'autres fois sèche et fari-
neuse (comme dans le blé), qui n'adhère pas avec l'embryon, et qui, par la germination, se fane et diminue
ordinairement de volume au lieu d'en acquérir.

44. L'embryon est composé de trois parties : la radicule, la plumule et les cotylédons. La *radicule* est la
partie de l'embryon qui est dirigée vers l'extérieur de la
graine, et qui, à la germination, sort la première et tend
à descendre pour former la racine de la nouvelle plante.
La *plumule* est la partie de l'embryon qui, dans la
graine, est dirigée vers le centre, et qui, à sa sortie,
tend à monter, pour former la tige de la nouvelle plante.
Elle contient le rudiment des organes qui doivent se développer à l'extérieur. On y distingue quelquefois deux
parties : une *tigelle* ou petite tige faisant suite à la radicule, et une *gemmule* ou petit bourgeon formé par les
rudiments des feuilles qu'on nomme *primordiales*. Les
cotylédons sont les rudiments des premières feuilles de
l'embryon, déjà visibles dans la graine ; ils sont insérés
latéralement au point où naît la gemmule ; ils diffèrent
constamment de forme, de consistance et d'aspect avec
les véritables feuilles de la plante. Tant qu'ils restent
renfermés dans les téguments ou cachés sous terre,
ils sont étiolés ; mais aussitôt qu'ils éprouvent le contact de l'air et de la lumière, ils grandissent, deviennent planes, foliacés, se colorent en vert et prennent
alors le nom de *feuilles séminales*. On remarque qu'en

général les cotylédons sont épais et charnus dans les graines sans périsperme, et, au contraire, minces et foliacés dans celles qui ont un périsperme.

La figure 22 représente une graine de haricot. On voit, fig. 23, l'embryon ; fig. 24, le même, dont on a enlevé un des cotylédons ; fig. 25, le même dont les deux cotylédons ont été détachés. La fig. 26 représente la même graine qui a commencé à germer.

45. La situation de l'embryon est *droite*, lorsque la radicule est du côté de la base de la graine; *inverse*, quand la radicule est du côté du sommet. Lorsqu'il existe un périsperme, l'embryon peut offrir à son égard des positions différentes. Tantôt il est *central*, c'est-à-dire renfermé dans l'intérieur du périsperme qui l'enveloppe de toutes parts ; tantôt il est *latéral* ou placé sur le côté du périsperme ; quelquefois il enveloppe celui-ci d'une manière plus ou moins complète.

L'embryon étant l'organe le plus essentiel d'un végétal, les caractères qu'il fournit au botaniste sont les plus constants et les plus importants, aussi est-ce sur la structure ou la composition de l'embryon que sont fondées les grandes divisions du règne végétal. Elles reposent principalement sur le nombre et la disposition des cotylédons. Les plantes *dicotylédones* sont celles dont les graines sont munies de deux cotylédons opposés (ou bien, mais très rarement, de plus de deux cotylédons verticillés). Les plantes *monocotylédones* sont celles qui n'ont qu'un seul cotylédon ou qui sont munies, mais très rarement, de plusieurs cotylédons alternes.

Les plantes *acotylédones* sont celles dans lesquelles on n'a point encore observé de cotylédons ni de graines proprement dites, et qui, par conséquent, ne produisent point de fleurs.

Dans presque tous les végétaux, les cotylédons sont portés hors de terre par la germination, et se transforment en feuilles séminales; cependant il est quelques plantes dans lesquelles ils ne subissent aucune métamorphose. Ils restent toujours cachés sous terre où ils se flétrissent. Dans l'un et l'autre cas, les cotylédons meurent toujours peu après la germination.

DE LA PHYSIOLOGIE VÉGÉTALE.

1° *Germination, nutrition et sécrétion.*

46. Nous avons passé rapidement en revue les principaux organes dont se composent les plantes. Disons maintenant quelques mots des actions que ces organes exercent, en parcourant les diverses périodes de la vie végétale, depuis la germination jusqu'à la dissémination des graines.

La *germination* est l'acte par lequel une graine fécondée et mûre, mise dans des conditions convenables,

se développe et reproduit une plante semblable à celle
dont elle est provenue. Pour qu'une graine puisse germer, il lui faut le contact de l'eau et de l'air, et un certain degré de chaleur. La présence de l'eau est indispen-
sable à la germination ; elle ramollit les enveloppes de la
graine, fait gonfler l'embryon et contribue à sa nutrition,
soit par elle-même, soit en servant de dissolvant et de
véhicule aux autres éléments nutritifs. L'air agit par l'oxigène qu'il contient : il enlève une portion de carbone au
périsperme, quand il existe, ou aux cotylédons charnus
qui remplacent cet organe, quand il manque, et donne
naissance à de l'acide carbonique qui est rejeté au dehors.
Par cette soustraction de carbone, la fécule ou matière
nutritive qui compose le périsperme ou les cotylédons
devient sucrée, laiteuse et soluble, en sorte qu'elle est
propre à servir d'aliment à la plantule. Mais l'eau et
l'oxigène seraient inutiles pour la germination, s'ils n'é-
taient favorisés par un certain degré de température. Si
la température est assez froide pour geler l'eau, ou assez
chaude pour l'évaporer entièrement, la germination est
impossible. La chaleur paraît agir comme stimulant,
probablement en distendant les tissus végétaux. La lumière au contraire n'a aucune action favorable sur la germination et paraît même la retarder : cela tient à ce que
l'effet de cet agent sur les végétaux est de favoriser la
décomposition de l'acide carbonique pour y fixer le carbone, ce qui est le contraire de ce qui a lieu dans la

germination, où il y a soustraction de carbone et production d'acide carbonique.

47. C'est presque toujours dans la terre que sont placées les graines pour germer : le sol n'est cependant pas nécessaire à la germination ; car il est des graines qui germent dans le fruit même ou qui se développent dans l'air, sur des éponges imbibées d'eau Mais la terre favorise la germination, en fournissant à la jeune plante l'eau, l'air et la chaleur, en la mettant à l'abri de la lumière et en lui servant de support et d'appui.

Dès qu'une graine est placée dans les conditions convenables pour la germination, elle absorbe de l'humidité et se gonfle ; ses enveloppes se ramollissent et ne tardent point à se rompre : la radicule s'allonge la première et se dirige vers l'intérieur de la terre. La plumule se redresse, s'allonge aussi, mais pour se porter vers la superficie de la terre et se montrer à l'air libre. Les cotylédons s'étalent et tantôt s'élèvent au-dessus du sol, tantôt restent cachés sous terre. Après avoir fourni des aliments à la plantule, ils se flétrissent, tombent ou se détruisent. Alors la germination est achevée, et la petite plante ne s'accroît plus qu'en puisant sa nature dans le sol et dans l'air, à l'aide de sa racine et de ses feuilles.

48. Lorsque la jeune plante est développée par suite de la germination, elle puise alors dans le sol ou dans l'air les matériaux nécessaires à son développement ultérieur et se les assimile, c'est-à-dire les transforme en sa propre

substance. Cette grande fonction, qui caractérise une seconde époque dans la vie du végétal, est la *nutrition*,
qui comprend un certain nombre de fonctions secondaires. C'est par les extrémités de leurs fibres les plus
déliées que les racines absorbent dans la terre les substances qui doivent contribuer à leur accroissement et à
la formation de leurs sécrétions particulières. Le principal aliment des végétaux est l'eau tenant en dissolution
les éléments de l'air et plusieurs autres substances. Les
feuilles, plongées dans une atmosphère humide, absorbent aussi l'eau principalement par leur face inférieure.
Toutes les parties vertes des plantes jouissent de la
même faculté : on connaît des plantes qui se nourrissent
presque exclusivement aux dépens de l'humidité atmo-
sphérique qu'elles absorbent par leurs parties aériennes.

49. Aussitôt que l'eau est absorbée, elle commence à
monter dans la tige. Le fluide ascendant se nomme *sève*.
Dans les plantes dicotylédones, l'ascension a lieu à travers l'aubier. Cette sève ne change pas de nature jusqu'à
ce qu'elle soit arrivée dans les feuilles, où elle se dis-
tribue par les veines de la face supérieure. Ce mouvement
est activé par le développement des bourgeons, qui atti-
rent à eux la sève. Lorsque la sève a été distribuée dans
les feuilles, elle éprouve par l'action de l'air et de la
lumière des changements remarquables, et devient alors
le *cambium* ou suc propre, qui tend à redescendre vers
les racines, le long des veines de la face inférieure des

feuilles et le long de l'écorce, en se répandant horizon-
talement jusqu'au centre de la tige par les rayons médullaires.

* Le premier effet que la sève éprouve, lorsque, parve-
nue dans les parties foliacées de la plante, elle se trouve
en contact presque immédiat avec l'atmosphère, c'est de
perdre, sous forme de vapeur, la plus grande partie de
l'eau qui a servi de véhicule aux substances nutritives
qu'elle contient. Ce phénomène est connu sous le nom de
transpiration. Le second effet consiste dans le résultat
des actions de l'atmosphère sur toutes les parties vertes
des plantes, et principalement sur les feuilles. Pendant la
nuit, les feuilles absorbent ou *inspirent* de l'oxigène, lequel se porte sur le carbone qui est entré dans la sève à
l'état de matière soluble et le transforme en acide carbonique, qui se dégage en partie dans l'atmosphère, ou
s'incorpore à la sève, en s'y dissolvant. Pendant le
jour, les feuilles absorbent de l'acide carbonique, et
exspirent de l'oxigène : cet oxigène provient de la décomposition dans le parenchyme des feuilles, et par
l'effet de la lumière solaire, de l'acide carbonique, tant
de celui qui est absorbé directement par la plante que de
celui qui s'est formé pendant la nuit aux dépens de
l'oxigène de l'air ; le carbone, devenu libre dans le suc
descendant, est susceptible alors d'être fixé immédiatement dans le végétal, et la plus grande partie de l'oxigène qui provient de cette décomposition est rejetée au

dehors. La couleur verte des plantes paraît provenir de
là décomposition de l'acide carbonique et de la fixation
du carbone, et, comme cet effet n'a lieu que par l'intermédiaire de la lumière, on voit que celle-ci a une grande
influence sur la coloration et sur la nutrition des végétaux. Les plantes qui se développent à l'obscurité *s'étio-
lent*, c'est-à-dire deviennent blanches et sont plus grêles,
plus aqueuses et plus allongées qu'elles ne le seraient, si
elles étaient exposées à la lumière solaire.

50. La sève, après avoir été élaborée dans les feuilles
et s'être transformée en suc nourricier, tend à descendre
ou se dirige des feuilles vers les racines. On s'assure de
cette direction en faisant au tronc d'un arbre dicotylédon
une forte ligature ou une section transversale. On voit
alors que les sucs ne peuvent redescendre, et que, s'ac-
cumulant au-dessus de la ligature, ils y forment un bourrelet circulaire, qui devient de plus en plus saillant. On
remarque de plus que la partie du tronc située au-dessous de la ligature cesse de s'accroître, et qu'aucune
couche circulaire nouvelle ne s'ajoute à celles qui exis-
taient déjà, parce que le suc nourricier ne peut y par-
venir. Ce fait prouve donc que c'est à la sève descendante qu'est dû l'accroissement du végétal. Cette sève
circule principalement dans les parties de la tige où s'opèrent de nouvelles couches, c'est-à-dire le long de l'écorce
et de l'aubier. Elle recouvre la surface interne de l'une
et la surface externe de l'autre d'une couche de liquide,

qui devient de plus en plus visqueux et prend alors le nom de *cambium*. Bientôt les linéaments de l'organisation apparaissent dans ce liquide, et il se forme de nouvelles fibres qui prennent de la consistance; c'est ainsi que croissent en diamètre les tiges de nos arbres.

La sève descendante n'est pas de la même nature dans tous les végétaux. Il en est dans lesquels elle forme un suc blanc et laiteux, comme dans les euphorbes; dans d'autres, c'est un suc jaunâtre, comme dans les pavots. Dans les conifères, elle est plus ou moins résineuse.

51. Le suc descendant ne sert pas seulement à la nutrition; il fournit encore différentes matières qui sont *sécrétées* ou séparées de sa masse, et élaborées ensuite par des organes particuliers. La plupart de ces matières sont ensuite rejetées au dehors et constituent ce que l'on nomme les *déjections* ou *excrétions* des plantes. La nature de ces matières est très variée. Ce sont tantôt des substances gazeuses, commes les huiles volatiles qui produisent les odeurs des plantes, tantôt des fluides plus ou moins épais, susceptibles quelquefois de se condenser et de se solidifier; telles sont les transsudations de gommes, de résines, de manne, de caoutchouc qu'on tire de certains arbres; les matières sucrées, les huiles fixes, la cire, les sucs acides, etc.

Reproduction avec ou sans fécondation.

52. On nomme *reproduction* la fonction par laquelle
un végétal produit des êtres semblables à lui-même et
qui doivent perpétuer son espèce. Il existe dans les végétaux deux modes de reproduction très différents, la
reproduction sans fécondation et la reproduction avec
fécondation. Les végétaux peuvent se multiplier à l'aide
de germes ou de bourgeons latents, qui prennent naissance dans tous les points de leur surface, et se développent d'eux-mêmes ou par le seul effet de la nutrition,
quand ils se trouvent dans des conditions convenables.

Une *bouture* est une partie d'un végétal, qui, après
avoir vécu greffée sur la plante-mère, s'en sépare et continue de vivre d'une manière indépendante. C'est en quelque sorte une continuation du même être : aussi le re-
produit-elle avec toutes les particularités qui lui sont
propres, et, loin de changer la nature de l'espèce, elle
conserve de l'individu jusqu'à la moindre variété. Parmi
les reproductions par boutures, on peut distinguer celles
qui s'opèrent naturellement, comme la séparation des
bulbilles et des bulbes ou tubercules, et celles qui n'ont
lieu qu'artificiellement, avec le secours d'une force étran-
gère. Disons quelques mots ici de ces modes artificiels
de reproduction. Lorsqu'une cause quelconque ralentit
dans un lieu déterminé le mouvement de la sève descen-

dante, ou en augmente la quantité, il se développe vers
ce point de l'écorce des germes qui apparaissent sous la
forme de bourgeons, et dont les uns produisent des
branches, les autres des racines : par exemple, à l'aisselle de toutes les feuilles, la sève se trouve un peu re-
tardée dans sa marche, et il s'y développe naturellement
un bourgeon, lequel se change en branche. Cette branche
peut être considérée comme un individu distinct, qui est
né sur un autre individu, auquel il emprunte sa nourriture, mais qui peut en être séparé et se nourrir soit aux
dépens du sol dans lequel on l'aura mis, soit aux dépens d'un autre individu sur lequel on l'aura transplanté.
C'est là le principe des moyens de multiplication des végétaux, appelés *greffe, bouture, marcotte*, etc.

53. La *greffe* est une opération qui consiste à trans-
planter sur un individu un bouton ou une branche qui
a pris naissance sur un autre. Pour qu'elle réussisse, il
faut faire en sorte que le liber de la greffe coïncide dans
la plus grande partie de son étendue avec celui du sujet,
c'est-à-dire de l'arbre sur lequel on l'implante ; alors la
soudure entre les deux écorces s'opère à l'aide du cambium. Une autre condition nécessaire au succès de l'opération, c'est qu'il y ait de l'analogie entre la sève des
deux individus : aussi remarque-t-on que les plantes de
même genre ou de même famille se greffent plus facilement ensemble que celles qui appartiennent à des familles différentes. La greffe est une opération très utile

à l'agriculture : elle sert à conserver et à multiplier des variétés, qui ne pourraient se reproduire au moyen de graines : elle économise le temps en procurant promptement un grand nombre d'arbres, qui se multiplient difficilement par un autre moyen, et en accélérant de plusieurs années la fructification de certains végétaux. La multiplication par *caïeux* ou *tubercules* consiste à enlever et replanter les caïeux ou tubercules, que poussent latéralement les racines ou tiges souterraines des plantes bulbeuses ou tubéreuses. Dans les plantes dont les racines supérieures ou les branches inférieures s'étalent à la surface du sol, ces racines ou ces branches poussent, d'espace en espace, des feuilles ou des racines : il suffit encore de séparer ces parties de la plante-mère, pour reproduire un nouvel individu : on donne à ces productions nouvelles le nom de *rejetons* ou *drageons.*

54. On nomme *marcotte* une branche quelconque tenant au tronc, dont on entoure de terre l'extrémité, après avoir pratiqué une ligature ou une section, pour lui faire pousser des racines. On coupe la branche lorsqu'elle est enracinée, et l'on a ainsi un nouvel individu. Si l'on coupe la branche avant de la mettre en terre, on lui donne alors le nom spécial de *bouture.* Les peupliers, les saules, et en général toutes les espèces à bois tendre et à croissance rapide, se multiplient très facilement par bouture; il n'en est pas de même des chênes, des pins

et des sapins, et généralement de tous les arbres à bois dense et résineux.

55. La reproduction par voie de fécondation ou par les graines est le moyen qu'emploie le plus ordinairement la nature, et auquel elle a destiné un ensemble d'organes particuliers, appelés les *organes de la fructification*. Une graine est un germe ou embryon, qui s'est formé sur la plante-mère, qui en a tiré sa nourriture pendant quelque temps, et qui ensuite est devenu libre, après avoir été *fécondé*, c'est-à-dire après avoir reçu le principe de la vie ou le pouvoir de se développer dans certaines circonstances, par une opération particulière nommée *fécondation*. La graine qui se sépare de la plante-mère est munie d'enveloppes propres et d'organes de nutrition; ce n'est plus, comme la bouture, une continuation du même être; c'est un être nouveau qui ne ressemble à la plante qui l'a formé que dans les parties essentielles à l'espèce. La reproduction par le moyen de graines comprend cinq périodes, savoir : la *floraison* ou le développement de la fleur ; la *fécondation*, ou l'acte par lequel le pollen de l'étamine, lancé sur le stigmate, va donner la vie aux ovules ou rudiments de graines contenus dans le pistil ; la *maturation*, ou le passage de l'ovaire à l'état de fruit parfait, la *dissémination* des graines mûres, et enfin la *germination*, ou le développement de ces graines.

56. La fleur n'est pas un objet de simple parure pour

les plantes : c'est une partie d'une utilité réelle pour l'espèce; car elle renferme les organes nécessaires à la production et à la fécondation des graines, savoir : le pistil et les étamines. Il faut le concours de ces deux organes pour qu'une plante donne des graines mûres et fertiles. En effet, l'expérience démontre que toutes les fleurs qui n'ont que des étamines ne donnent jamais de graines, que toutes celles qui n'ont que des pistils ne donnent de graines fertiles qu'autant qu'elles ont auprès d'elles des fleurs chargées d'étamines ; que, si, dans une fleur munie d'étamines et d'un pistil, on supprime les étamines, le pistil ne donne point de graines fécondes ; et que, si au contraire on coupe le pistil, la fleur ne porte aucune graine ; enfin, que, si l'on répand sur le stigmate d'une fleur privée d'étamines, le pollen d'une fleur d'une autre espèce, mais voisine de la première, on obtient souvent des graines qui produisent des individus mixtes, ou en quelque sorte intermédiaires entre ceux des deux espèces.

On voit par là que l'ovaire d'une fleur est fécondé, quand le pollen des étamines de cette fleur ou de toute autre, appartenant à la même espèce, a été mis en contact avec le stigmate. Les grains de pollen sont de petites vésicules remplies d'un liquide visqueux, dans lequel existe une multitude de grains beaucoup plus petits. C'est ce liquide ou plutôt les granules qu'il contient, que l'on doit regarder comme la véritable substance fécondante.

Les premiers grains (ou les vésicules), après s'être échappés des anthères, se fixent sur le stigmate, dont la surface est, en général, visqueuse ou couverte de poils; là ils se gonflent, se déchirent. La matière granuleuse qu'ils contiennent imprègne le stigmate, descend par le style jusqu'à l'ovaire, et la fécondation a lieu. C'est au moyen de l'air que les grains de pollen sont portés de l'anthère sur le stigmate; aussi est-ce dans l'air que s'opère la fécondation, non seulement de toutes les plantes terrestres, mais encore des plantes aquatiques, qui presque toutes viennent fleurir à la surface de l'eau, et, après la fécondation, redescendent au fond, pour y mûrir leurs fruits. Comme un exemple remarquable de ces dernières, nous citerons la vallisnérie, plante dioïque, qui est attachée au fond de l'eau et entièrement submergée. Les fleurs femelles sont portées sur des pédoncules longs de plusieurs pieds et roulés en tire-bouchon, ce qui leur permet de s'allonger ou de se resserrer; les fleurs mâles, au contraire, sont portées sur des pédoncules très courts. Au temps de la fécondation, les fleurs femelles montent à la surface de l'eau pour s'épanouir; les fleurs mâles, se détachant de leurs pédoncules, viennent pareillement s'ouvrir au-dessus de l'eau, et se mêler aux fleurs femelles pour les féconder. Bientôt celles-ci sont ramenées au fond de l'eau par leurs pédoncules, qui rapprochent leurs circonvolutions, et elles y mûrissent leurs fruits.

57. Dans les fleurs hermaphrodites, la proximité des

étamines et des pistils, leur position et leur longueur relatives, les mouvements qu'ils doivent exécuter à l'instant de la fécondation, tout a été calculé par la nature,
pour favoriser cet acte important de la vie végétale.
Quand les fleurs sont droites, le stigmate est ordinairement élevé par le style à la hauteur des anthères, ou
bien il reste un peu au-dessous. Lorsque les fleurs sont
pendantes, le style, au contraire, est toujours plus long
que les filets des étamines. Certaines fleurs s'inclinent
ou se relèvent, lorsque la fécondation va avoir lieu, afin
de disposer pour cet instant les stigmates à recevoir le
pollen, qui tombe sur eux par son propre poids. Quand
les étamines sont aussi longues que le pistil, les fleurs
sont indifféremment dressées ou pendantes. Pour favoriser l'émission du pollen et sa chute sur le stigmate, les
organes·fécondateurs exécutent des mouvements très remarquables. Souvent les anthères s'ouvrent du côté du
pistil avec une sorte d'explosion, et lancent ainsi leur
poussière sur cet organe ; les étamines s'approchent
quelquefois du pistil au moment de l'émission, ou cour-
bent leurs filets pour poser l'anthère sur le stigmate ;
quelquefois ce sont les pistils qui se penchent du côté
des étamines, etc.

58. Dans les plantes à fleurs unisexuelles, la fécondation paraît soumise à des circonstances bien moins favorables ; cependant, malgré la séparation et souvent
l'éloignement des deux organes fructificateurs, la fé-

condation n'en a pas moins lieu. Dans les plantes monoïques, où les deux sortes de fleurs sont seulement séparées sur le même pied, les fleurs à étamines sont ordinairement placées au-dessus des fleurs pourvues de pistils. Dans les plantes dioïques, les individus à fleurs mâles naissent ordinairemeut près des individus à fleurs femelles ; les fleurs mâles sont bien plus nombreuses que les femelles, et la ténuité de leur pollen permet d'ailleurs au vent de le transporter, même à d'énormes distances ; les insectes, en volant de fleur en fleur, contribuent aussi à ce transport. Enfin, les fleurs femelles sont presque toujours rassemblées en cônes, en chatons ou en petits faisceaux, munis de bractées ou de poils, qui arrêtent et retiennent facilement le pollen. Quelquefois cependant il arrive que certains pieds de végétaux dioïques, qui croissent loin du pays d'où leur espèce est originaire, et à des distances considérables de tout individu mâle, restent stériles ; mais on peut en opérer artificiellement la fécondation. Gledistch possédait à Berlin un palmier femelle, qui, chaque année, fleurissait sans porter de fruit. Il fit venir de Dresde, par la poste, du pollen d'un palmier mâle, le répandit sur les stigmates du palmier femelle, et celui-ci porta des fruits pour la première fois.

59. Lorsque la fécondation est achevée, les sucs nourriciers qui se portaient également sur toutes les parties de la fleur cessent d'alimenter d'abord les étamines, puis la corolle, et souvent aussi les styles et le calice ; ils se

jettent tous sur l'ovaire. Les étamines se dessèchent et tombent, la corolle se fane et subit le même sort ; il en est de même en général des folioles du calice, du stigmate et du style. L'ovaire seul persiste, se développe et prend alors le nom de *fruit*. Celui-ci commence à grossir, c'est l'époque de la maturation ou de la fructification proprement dite, qui comprend tout le temps écoulé depuis la fécondation jusqu'à la dissémination des graines. Lorsque le fruit est parvenu à son dernier degré de perfectionnement, il s'ouvre le plus ordinairement, et les graines qu'il renferme rompant les liens qui les retenaient, se dispersent naturellement à la surface de la terre. Ce moment de la dissémination marque le terme de la vie des plantes annuelles, et la suspension de la végétation dans les plantes vivaces. La fécondité des plantes, c'est-à-dire le grand nombre des graines qu'elles produisent, étonne l'imagination ; on a compté 2,000 graines sur un seul pied de maïs, 4,000 sur un pied de soleil, 18,000 sur un pied d'orge, 32,000 sur un pied de pavot, et jusqu'à 360,000 sur un seul pied de tabac. La multitude des semences qui se dispersent de toutes parts après la maturation, est si prodigieuse, que, suivant le calcul qui en a été fait, le produit complet d'un terrain de quelques lieues de contour pourrait suffire, au bout de quelques années, pour peupler de végétaux la surface entière du globe. Mais la nature dans sa prévoyance a mis des bornes à cette énorme multiplication des végétaux. Une partie seulement de leurs graines parvient à germer, et sert ainsi à assurer la conservation des espèces ; une autre partie sert à nourrir les animaux ou à divers usages d'économie. Enfin, une grande quantité périt faute de circonstances favorables à leur développement.

60. Plusieurs causes tendent à favoriser la dissémination naturelle des graines ; parmi ces causes, les unes sont inhérentes à la plante, les autres dépendent uniquement d'agents extérieurs, tels que les vents, les eaux et les animaux de toute espèce. Les premières sont l'élasticité des péricarpes et la légèreté de la plupart des graines. Dans beaucoup de fruits déhiscents, les valves se séparent subitement avec force, et lancent les graines à des distances plus ou moins considérables. Dans un grand nombre de plantes, les graines sont fines et légères, et peuvent être facilement emportées par les vents ; d'autres sont pourvues d'ailes ou de couronnes, qui les rendent plus légères en augmentant leur surface, ou bien sont surmontées d'aigrettes, dont les filets venant à s'écarter, leur servent de leviers pour sortir du péricarpe, et de parachute pour se soutenir dans l'atmosphère. Les fleuves, les courants des mers transportent au loin les fruits des végétaux qui croissent sur leurs bords ou dans leur sein ; enfin l'homme et les différents animaux sont encore des moyens de dissémination pour les graines ; les unes s'accrochent à leurs vêtements ou à leurs toi-

sons, à l'aide des crochets dont elles sont pourvues; les autres sont transportées dans les lieux qu'ils habitent, pour leur servir de nourriture, et celles qu'ils ne digèrent pas ou qu'ils abandonnent s'y développent lorsqu'elles se trouvent dans des circonstances favorables. Les oiseaux, les quadrupèdes sont, comme on le sait, de grands consommateurs de graines; mais elles sont trop nombreuses pour qu'ils puissent les dévorer toutes; et d'ailleurs il en est auxquelles ils ne touchent jamais à cause des sucs corrosifs dont leur tissu est rempli, et d'autres qui échappent à leur voracité, à cause de la dureté de leurs enveloppes ou des épines dont elles sont hérissées.

61. Une graine mûre, qui s'est détachée naturellement de la plante-mère, forme un être distinct, animé d'une vie qui lui est propre, mais qui reste dans un état de torpeur jusqu'à ce que les circonstances extérieures auxquelles il sera soumis lui permettent de se développer ou d'entrer en germination. La surface de la terre est imprégnée de graines qui y sont comme en dépôt, et qui n'attendent pour germer qu'une occasion favorable.

Les graines perdent avec le temps leur faculté germinative, mais il en est qui la conservent pendant un nombre d'années considérable. Toutes les graines, mises dans des conditions convenables, ne germent pas avec la même rapidité; quelques-unes lèvent au bout de deux ou trois jours; d'autres en exigent un plus grand nombre; d'au-

tres enfin ne se développent qu'un ou deux ans après
avoir été mises en terre.

DE LA CLASSIFICATION DES VÉGÉTAUX.

62. Les classifications sont d'une haute utilité dans
toutes les parties de l'histoire naturelle. Mais c'est surtout en botanique, où le nombre des espèces est si considérable, que l'on a senti le besoin d'avoir une méthode
qui donnât les moyens d'arriver facilement à la connais-
sance du nom d'un végétal quelconque, ou qui servît à
exprimer d'une manière plus ou moins complète les rapports que les plantes ont entre elles, c'est-à-dire, leurs
analogies et leurs différences. On distingue deux sortes
de méthodes : les méthodes artificielles qui ont pour but
principal de faire trouver facilement le nom des objets,
mais qui ne font connaître que quelques-uns de leurs
rapports, et seulement lorsqu'on envisage ces êtres sous
un point de vue particulier ; et les méthodes naturelles
qui ont pour principal but de faire connaître tous ces
rapports et de les exprimer de la manière la plus simple.
Les premières sont fondées en général sur les caractères
tirés des modifications d'un seul organe : et les secondes
sur les caractères offerts par l'ensemble des divers organes.

En comparant les végétaux les uns avec les autres,

4

on s'est aperçu qu'un certain nombre offraient des caractères presque entièrement semblables, et jouissaient
de la propriété de se reproduire avec ces mêmes caractères. Chacun de ces végétaux a formé ce que l'on appelle un *individu*, et la réunion de tous ces individus
semblables, considérée comme un être collectif, a con-
stitué une *espèce*. Ces individus, quoique se ressemblant par l'ensemble de leurs caractères, peuvent offrir
néanmoins quelques différences de grandeur, de coloration, d'odeur, etc.; et chacune de ces modifications éta-
blit une *variété* dans l'espèce. Ces modifications sont
dues à l'influence de certaines circonstances extérieures,
telles que le changement de sol ou de climat. Elles diffèrent des espèces proprement dites, en ce que la reproduction par les graines ne les perpétue pas avec tous
leurs caractères.

En comparant les espèces entre elles, on a vu que
plusieurs de ces espèces se ressemblaient beaucoup par
les parties les plus importantes de l'organisation, sans
pouvoir cependant se changer l'une dans l'autre par
l'acte de la reproduction. On a fait de la réunion de ces
espèces semblables une nouvelle association qui a été
désignée par le nom de *genre*. Le genre est donc la col-
lection des espèces qui ont entre elles une ressemblance
frappante dans l'ensemble de leurs organes, et surtout
dans ceux de la fructification. Les caractères qui distinguent les espèces d'un même genre, sont généralement

tirés des organes de la végétation, c'est-à-dire des feuilles, de la tige et des racines.

63. Les principes de nomenclature universellement admis en botanique sont ceux que Linnée a établis, et qui consistent à composer le nom d'une plante de deux mots, l'un substantif, l'autre adjectif. Les noms substantifs servent à désigner les genres beaucoup moins nombreux que les espèces : on compose les noms de celles-ci en ajoutant à chaque nom de genre un adjectif qui indique quelque particularité de l'espèce que l'on veut désigner. C'est ainsi que le mot *renoncule* marque un genre, dans lequel on a les espèces *renoncule bulbeuse, renoncule aquatique*, etc. Par cette ingénieuse combinaison, le nombre immense des noms de plantes se trouve formé d'un nombre de termes peu considérable, eu égard à celui des espèces. Deux à trois mille noms de genres et une quantité de noms spécifiques beaucoup moindre, suffisent pour désigner les soixante mille espèces de végétaux connus.

64. De même qu'en groupant ensemble les espèces qui ont entre elles une analogie marquée on en a fait des genres, de même, en réunissant ensemble les genres qui se ressemblent beaucoup, et qui sont liés par des caractères communs, on en compose des tribus nouvelles appelées *ordres* ou *familles*, et qui ne sont rien autre chose que de grands genres. Les ordres, groupés ensuite d'après un caractère plus général, forment les

classes, qui sont les divisions les plus élevées du règne
végétal. Ainsi, dans toute classification botanique on
distingue de grandes divisions appelées *classes*, dont
chacune est subdivisée en groupes plus petits appelés
ordres ou *familles*; chaque ordre est composé d'un
certain nombre de groupes encore plus petits, que l'on
appelle *genres*; chaque *genre* se partage à son tour en
espèces; et ces dernières ne contiennent plus que des
individus ou des variétés. Mais quoique soumises à
cette marche commune, et s'accordant même en général dans l'établissement des genres et des espèces, les
classifications en botanique peuvent différer beaucoup,
selon les principes suivis dans la formation des divisions
supérieures. On peut en effet établir ces divisions d'a-
près des caractères tirés d'un seul organe ou d'un petit nombre d'organes, en négligeant tous les autres ; ou
bien on peut les établir d'après les caractères fournis
par l'ensemble de l'organisation étudiée dans tous ses
détails. De là, deux sortes bien distinctes de classifications : 1º les *classifications artificielles*, dans lesquelles
les caractères des divisions supérieures sont tirés des
modifications d'un seul organe, et qui ont pour but principal de faire trouver avec facilité le nom des êtres qui
y sont compris. On s'accorde assez généralement à leur
donner le nom spécial de *systèmes*. Tel est le *système
de Linnée*, dont les classes sont établies sur des caractères empruntés uniquement des étamines. 2º *Les clas-*

Fig. 27.

Fig. 28.

Fig. 29

Fig. 30.

Fig. 31.

Fig. 32

Fig. 33.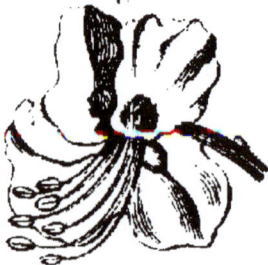

Fig. 34.

Fig. 35.

Fig. 36.

Fig. 37.

Fig. 38.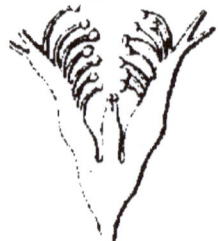

sifications naturelles, qui ont pour but de faire connaître les rapports naturels des végétaux, et auxquelles on donne communément le nom spécial de *méthodes*. Leurs divisions ne sont point établies d'après la considération d'un seul organe ; mais les caractères offerts par toutes les parties des plantes concourent à les former. Telle est la *méthode de Jussieu*, ou méthode des familles naturelles.

SYSTÈME DE LINNÉE.

65. De tous les moyens inventés pour coordonner les végétaux, et faciliter la recherche de leurs noms, le système de Linnée est sans contredit un des plus simples : aussi a-t-il été presque généralement adopté. Il repose entièrement sur les caractères que l'on peut tirer des organes reproducteurs, c'est-à dire des étamines et des pistils. Les classes sont établies d'après les étamines, les ordres ou subdivisions des classes le sont en général d'après les pistils.

Linnée divise d'abord tous les végétaux connus en deux grandes sections : ceux qui ont les organes de reproduction visibles, et par conséquent des fleurs apparentes, ce sont les *phanérogames;* et ceux dans lesquels les fleurs ne sont pas distinctes à l'œil nu, ou n'existent pas du tout, ce sont les végétaux *cryptogames*. Le nombre des végétaux de la première section étant beaucoup plus considérable que celui des végétaux de la seconde, les phanérogames ont été partagés en vingt-trois classes ; les cryptogames au contraire ne forment qu'une seule classe, qui est la dernière du système. Parmi les plantes phanérogames, les unes ont des fleurs hermaphrodites, c'est-à-dire pourvues d'étamines et de pistils, les autres ont des fleurs unisexuelles, c'est-à-dire n'ayant que des étamines ou des pistils. Les plantes à fleurs hermaphrodites étant beaucoup plus nombreuses, forment les vingt premières classes du système ; dans les trois suivantes sont placées les plantes à fleurs unisexuelles. Ainsi, le système de Linnée comprend vingt-quatre classes, dont vingt sont consacrées aux plantes à fleurs hermaphrodites, trois aux plantes à fleurs unisexuelles, et une seule aux plantes à fleurs nulles ou invisibles.

66. Les dix premières classes renferment toutes les plantes à fleurs hermaphrodites, dont les étamines sont libres, égales et en nombre déterminé.

1ʳᵉ CLASSE. **MONANDRIE**. Plantes à une seule étamine. Fig. 27. Exemp. le *balisier* ; la *pesse d'eau*. Cette classe et les douze suivantes se subdivisent en ordres d'après le nombre des pistils, ou du moins des styles distincts. Quand il n'y a qu'un style, l'ordre s'appelle *monogynie* ; quand il y en a deux, *digynie* ; et quand il y en a trois, quatre, cinq, six... ou nombre indéterminé, *trigynie, tétragynie, pentagynie, hexagynie... polygynie*.

2e CLASSE, DIANDRIE. Deux étamines : fig. 28. Exemp. : le *jasmin*, le *lilas*, la *véronique*, la *sauge*, le *romarin*.

3e CLASSE. TRIANDRIE. Trois étamines : fig. 29. Exemp. : la plupart des graminées, les *iris*, la *valériane officinale*.

4e CLASSE. TÉTRANDRIE. Quatre étamines : fig. 30. Exemp. : le *plantain*, la plupart des rubiacées et des dipsacées.

5e CLASSE. PENTANDRIE. Cinq étamines : fig. 31. Exemp. : les borraginées, telles que la *bourrache* et la *pulmonaire* ; les solanées, telles que la *pomme de terre* et la *belladone*; les ombellifères, telles que la *ciguë* et le *panais*, etc.

6e CLASSE. HEXANDRIE. Six étamines : fig. 32. Exemp. : l'*asperge* et la plupart des liliacées, telles que le *lis*, la *jacinthe*, la *tulipe*.

7e CLASSE. HEPTANDRIE. Sept étamines : fig. 33. Exemp. : le *marronnier d'Inde*.

8e CLASSE. OCTANDRIE. Huit étamines : fig. 34. Exemp. : plusieurs polygonées, telles que le *sarrasin*, les *bruyères*, l'*épilobe*, le *bois-gentil*.

9e CLASSE. ENNÉANDRIE. Neuf étamines : fig. 35. Ex. : le *laurier*, la *rhubarbe*, le *butome ombellifère*.

10e CLASSE. DÉCANDRIE. Dix étamines : fig. 36. Exemp. : presque toutes les caryophyllées, telles que les *œillets*, les *lychnis*, la *coquelourde*.

Les trois classes suivantes sont encore fondées sur le nombre des étamines, supposées toujours libres; mais ce nombre n'est plus rigoureuse~~ment~~ déterminé. On ne l'apprécie plus qu'approximativement, et lorsqu'il dépasse vingt, on a égard à l'insertion des étamines.

11e CLASSE. **DODÉCANDRIE.** De douze à dix-neuf étamines : fig. 37. Exemp. : le *réséda*, l'*euphorbe*, l'*aigremoine*, la *joubarbe*.

12e CLASSE. **ICOSANDRIE.** Vingt étamines ou plus, insérées sur le calice : fig. 38. Exemp. : les vraies rosacées, telles que le *rosier*, le *prunier*, le *fraisier*, etc.; les *myrtes*, les *grenadiers*, les *cactus*.

13e CLASSE. **POLYANDRIE.** De vingt à cent étamines, insérées sous l'ovaire : fig. 39. Exemp. : les vraies renonculacées, telles que les *renoncules*, les *anémones*, les *clématites*, etc.; la plupart des papavéracées, telles que le *coquelicot*, le *pavot*, la *chélidoine*, etc.

Les deux classes suivantes sont fondées sur le nombre et la proportion inégale des étamines.

14e CLASSE. **DIDYNAMIE.** Quatre étamines, dont deux plus courtes que les autres : fig. 40. Exemp.: la plupart des labiées et des personnées, telles que le *thym*, la *lavande*, la *digitale*, le *muflier*, etc. Cette classe se subdivise en deux ordres : la *gymnospermie*, qui renferme les plantes à graines nues ou visibles au fond du calice (comme les labiées), et l'*angyospermie*, qui

Pl. 5.

Fig. 39.

Fig. 40.

Fig. 41.

Fig. 42.

Fig. 43.

Fig. 44.

Fig. 46.

Fig. 45.

Fig. 47.

Fig. 48.

Fig. 49.

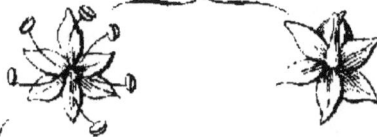

Fig. 50.

comprend celles dont les graines sont renfermées dans une capsule (comme les personnées).

15ᵉ CLASSE. **TÉTRADYNAMIE**. Six étamines, dont deux petites opposées, et quatre plus grandes disposées par paires entre les premières : fig. 41. Exemp. : les crucifères, telles que la *giroflée*, le *chou*, la *moutarde*, etc. Cette classe se divise en deux ordres, d'après la forme du fruit, qui est une silique, ou une silicule : la *tétradynamie siliqueuse*. (Exemp. : le chou, la giroflée), et la *tétradynamie siliculeuse*. (Exemp. : le thlaspi, le cochlearia.)

Les cinq classes suivantes sont fondées sur les différents modes de soudure des étamines, soit entre elles, soit avec le pistil. Dans la 16, 17, 18 et 20ᵉ classe, c'est le nombre des étamines qui détermine les ordres, qui portent par conséquent les noms de monandrie, diandrie, etc. Dans la 20ᵉ classe, les ordres sont fondés sur les combinaisons de fleurs différentes, hermaphrodites, mâles, femelles, ou neutres, qui peuvent se trouver réunies dans un calice commun ; l'un deux porte le nom de monogamie, et les autres celui de polygamie, auquel s'ajoute une épithète distinctive.

16ᵉ CLASSE. **MONADELPHIE**. Toutes les étamines réunies en un seul corps par leurs filets : fig. 42. Exemp. : les malvacées, telles que la *mauve* et la *guimauve*; les *géraniums*.

17ᵉ CLASSE. **DIADELPHIE**. Les étamines réunies

par les filets en deux faisceaux distincts : fig. 43. Exemp.; la *fumeterre*, le *polygala* et la plupart des légumineuses, telles que le *trèfle*, le *pois*, le *haricot*, etc.

18ᵉ CLASSE. **POLYADELPHIE.** Les étamines réunies par leurs filets en trois ou un plus grand nombre de faisceaux : fig. 44. Exemp.: l'*oranger*, le *millepertuis*.

19ᵉ CLASSE. **SYNGÉNÉSIE.** Étamines soudées par les anthères; fleurs ordinairement composées ou conjointes, c'est-à-dire réunies dans un calice commun : fig. 45. Exemp.: la *violette*, la *balsamine*, et toutes les synanthérées ou les composées de Tournefort, telles que la *chicorée*, le *pissenlit*, le *chardon*, la *grande marguerite*, le *soleil des jardins*. *Pensée*.

20ᵉ CLASSE. **GYNANDRIE.** Étamines soudées avec le pistil ou posées sur lui : fig. 46. Exemp.: les *orchidées*, les *aristoloches*.

Les trois classes suivantes sont fondées sur la séparation des organes reproducteurs. Comme les 16, 17, 18 et 20ᵉ classes, elles se subdivisent en ordres, d'après le nombre des étamines.

21ᵉ CLASSE. **MONŒCIE.** Fleurs mâles et femelles sur le même individu : fig. 47. Exemp.: le *chêne*, le *noyer*. *Monoeci monandrie, diandrie et*

22ᵉ CLASSE. **DIŒCIE.** Fleurs mâles et fleurs femelles sur deux individus différents : fig. 48. Exemp.: le *saule*, le *peuplier*, le *chanvre*. *Ortie. Épinard.*

Plante monoïque.

23e CLASSE. **POLYGAMIE.** Fleurs mâles, fleurs femelles et fleurs hermaphrodites sur un même individu, ou sur deux ou trois individus différents : fig. 49. Ex. : le *frêne*, le *figuier*, la *pariétaire.*

La dernière classe enfin comprend toutes les plantes à fleurs invisibles.

24e CLASSE. **CRYPTOGAMIE.** Plantes dont les fleurs sont invisibles ou très peu distinctes à l'œil nu : fig. 50. Exemp. : les *prêles*, les *fougères*, les *mousses*, les *lichens*, les *champignons* et les *algues.*

67. Le tableau suivant, dressé par Linnée, donne la clef de son système.

Les étamines considérées d'après leur

				CLASSES.
nombre uniquement, ce nombre étant déterminé	insertion { sur le calice : plusieurs ét. souvent vingt.		Douze ét.	12. icosandrie.
	{ sous l'ovaire : plusieurs ét. souvent plus de vingt.			13. polyandrie.
	proportion inégale.	{ quatre		14. didynamie.
		{ six		15. tétradynamie.

Nombre étant déterminé		CLASSES.
Une étam.		1. monandrie.
Deux ét.		2. diandrie.
Trois ét.		3. triandrie.
Quatre ét.		4. tétrandrie.
Cinq ét.		5. pentandrie.
Six ét.		6. hexandrie.
Sept ét.		7. heptandrie.
Huit ét.		8. octandrie.
Neuf ét.		9. ennéandrie.
Dix ét.		10. décandrie.
Douze ét.		11. dodécandrie.

réunion et leur		CLASSES.
par les filets : en faisceau { unique		16. monadelphie.
{ double		17. diadelphie.
{ triple au moins.		18. polyadelphie.
par les anthères.		19. syngénésie.
avec le pistil.		20. gynandrie.

séparation des pistils et des étamines.	CLASSES.
sur un même pied.	21. monœcie.
sur deux pieds différents.	22. diœcie.
sur un ou plusieurs pieds, avec des fleurs hermaphrodites	23. polygamie.

absence ou leur invisibilité.	CLASSES.
	24. cryptogamie.

MÉTHODE DES FAMILLES NATURELLES.

68. La méthode des familles naturelles diffère du système de Linnée, en ce que les divisions n'y sont point établies d'après la considération d'un seul organe, mais sont
formées concurremment par les caractères tirés de toutes
les parties des végétaux, dans l'ordre de leur plus grande
valeur relative. Les plantes sont disposées, dans cette méthode, de manière que celles qui se conviennent par les
rapports les plus importants et les plus nombreux, se trouvent rapprochées nécessairement et comme associées entre
elles. De tout temps on a remarqué qu'il existe parmi les
plantes, comme parmi les animaux, des groupes dont tous
les individus se ressemblent par tant de points communs,
qu'ils paraissent être les membres d'une même famille;
c'est à ces groupes principaux que l'on a donné le nom de
familles naturelles. C'est ainsi que l'on a reconnu de tout
temps certains groupes bien prononcés, comme ceux des
graminées, des labiées, des crucifères, des synanthérées,
des ombellifères, des légumineuses. Ces familles font
elles-mêmes partie de groupes plus généraux, et se partagent en même temps en groupes secondaires, qui tous reposent sur des analogies nombreuses et frappantes.

Dans la méthode naturelle, les plantes qui composent
un même groupe ont entre elles plus de ressemblance
qu'elles n'en ont avec celles d'un autre groupe quelconque; et deux groupes voisins ont plus d'affinité entre

eux que deux groupes plus éloignés l'un de l'autre. Cette méthode présente donc l'expression la plus exacte et la plus complète de tous les rapports que peuvent offrir les espèces comparées ensemble, c'est-à-dire de leurs différents degrés de ressemblance ou de différence. Elle offre encore un avantage pour celui qui commence l'étude des plantes, c'est qu'elle lui permet l'application de la voie d'induction et d'analogie ; elle lui fait connaître la nature même d'un végétal par la place qu'il occupe dans la série, par le rapprochement de ce végétal d'un autre être mieux connu, qui sert alors de terme de comparaison, de règle ou de mesure.

69. La méthode de Jussieu comprend trois grandes divisions primordiales, subdivisées en quinze *classes;* chaque classe se compose d'un nombre plus ou moins considérable d'*ordres* ou de *familles naturelles;* chaque famille est partagée en un certain nombre de *genres,* et chaque genre comprend un nombre plus ou moins grand d'*espèces.* Voici les caractères que l'auteur de la méthode a employés pour former ces divisions successives. Les premières divisions reposent sur un caractère de première valeur, la structure de l'embryon. L'embryon n'a point de cotylédon, ou il en a un, ou il en a deux : de là les trois grandes divisions des plantes *aco-tylédones, monocotylédones, dicotylédones.* Les aco-tylédones forment la première classe de la méthode (exemple : les mousses, les champignons). Les monoco-

tylédones et les dicotylédones sont subdivisées en classes d'après des caractères de seconde et de troisième valeur, savoir : *l'insertion* ou position relative des étamines, la présence et la forme de la corolle ou son absence. Les monocotylédones n'ont point de corolle proprement dite : elles ont un périanthe simple, appelé *périgone*, et que M. de Jussieu considérait comme un calice. Elles ont été partagées en trois classes, d'après les trois modes divers d'insertion des étamines, qui peuvent être *hypogynes* (sous l'ovaire), *épigynes* (sur l'ovaire), et *périgynes* (sur le calice). De là les classes des *monocotylédones à étamines hypogynes* (exemple : les graminées) : des *monocotylédones à étamines périgynes* (les liliacées), des *monocotylédones à étamines épigynes* (les orchidées).

Les dicotylédones ont d'abord été divisées en *apétales* ou sans corolle, en *monopétales* et en *polypétales*, suivant qu'elles ont une corolle d'une seule pièce ou de plusieurs pièces ; puis chacune de ces sections a été partagée en classes, d'après l'insertion des étamines ou de la corolle elle-même, lorsqu'elle est monopétale, parce qu'alors elle porte les étamines. Les apétales donnent les trois classes suivantes : *apétales à étamines épigynes* (les aristoloches), *apétales à étamines périgynes* (les polygonées, les laurinées), *apétales à étamines hypogynes* (les plantaginées). Les monopétales constituent également trois classes, suivant que leur corolle staminifère est hypogyne, périgyne ou épigyne.

Mais la dernière classe a été encore subdivisée, suivant que les anthères sont libres ou réunies, ce qui porte à quatre le nombre des classes dans les corolles monopétales, savoir : les *monopétales à étamines hypogynes* (les labiées, les solanées, les borraginées), les *monopétales à étamines périgynes* (les campanulacées), les *monopétales à étamines épigynes et à anthères réunies* (les synanthérées) et les *monopétales à étamines épigynes et à anthères libres* (les dipsacées, les rubiacées). Les polypétales ont également été divisées, d'après leur mode d'insertion, en trois classes : les *polypétales à étamines épigynes* (les ombellifères), les *polypétales à étamines hypogynes* (les renonculacées, les papavéracées) et les *polypétales à étamines périgynes* (les rosacées, les légumineuses). Enfin, dans une dernière classe sont rangées toutes les plantes dicotylédones, dont les fleurs sont essentiellement unisexuelles et séparées sur des pieds différents. M. de Jussieu leur donne le nom de *diclines*, par opposition à celui de *monoclines*, qu'il donne aux autres plantes dont les fleurs sont essentiellement hermaphrodites. Les cas où celles-ci présentent des fleurs unisexuelles sont en effet très rares, et tiennent ordinairement à des causes accidentelles. Les familles naturelles dans lesquelles se subdivisent les classes sont fondées sur une similitude presque parfaite de structure ou du moins de symétrie dans les organes les plus importants, surtout dans ceux qui sont relatifs à la fructification. Le nombre de celles que l'on a reconnues jusqu'à présent s'élève à près de deux cents.

70. Le tableau suivant donne la clef de la méthode de M. de Jussieu, en ce qui concerne les divisions supérieures.

CLASSES.

Plantes
- Acotylédones, ou dont la fleur et les graines sont peu connues. **1**
- Monocotylédones, à étamines. . .
  - hypogynes. **2**
  - périgynes. **3**
  - épigynes. **4**
- Dicotylédones : à fleurs.
  - monoclines et
    - apétales : à étamines . . .
      - épigynes. **5**
      - périgynes. **6**
      - hypogynes. **7**
    - monopétales à corolle. . . .
      - hypogyne. **8**
      - périgyne. **9**
      - épigyne, à anthères
        - réunies. **10**
        - distinctes. **11**
    - polypétales à étamines. . . .
      - épigynes. **12**
      - hypogynes. **13**
      - périgynes. **14**
  - diclines ou unisexuelles vraies. **15**

71. Nous allons parcourir les différentes classes de la méthode précédente, pour en faire une histoire abrégée, nous bornant à mentionner les familles, les genres et les espèces qui nous paraissent dignes de fixer l'attention des personnes qui ne font pas des plantes une étude spéciale et approfondie.

DESCRIPTION ABRÉGÉE DES FAMILLES, GENRES ET ESPÈCES LES PLUS REMARQUABLES DU RÈGNE VÉGÉTAL.

PREMIÈRE CLASSE.

VÉGÉTAUX ACOTYLÉDONS, OU CRYPTOGAMES.

72. Cette première division du règne végétal comprend toutes les plantes que Linnée désignait sous le nom de *cryptogames*, parce qu'elles n'offrent point d'organes apparents de fructification, ni par conséquent de graines, d'embryons et de cotylédons. Toutes néanmoins sont pourvues de corpuscules qui servent à reproduire l'espèce et auxquels on donne un nom particulier, pour ne point préjuger leur nature, celui de *sporules* ou de *séminules*. Ces séminules sont le plus souvent contenues dans de petites capsules vésiculaires. Ces plantes pré-

sentent des formes très variées, et une organisation qui,
dans les différents groupes, s'élève graduellement de l'é-
tat le plus simple à une organisation progressivement
croissante. On en distingue plusieurs familles, dont nous
citerons les plus importantes.

Famille des algues.

78. Les *algues* sont des plantes aquatiques, d'une organisation extrêmement simple, composées de cellules
plus ou moins allongées, qui par leur réunion forment
des filaments déliés comme des cheveux ; des tubes simples ou rameux, continus ou articulés ; des lames membraneuses, simples ou lobées, ou des espèces de réseaux.
Leur substance, qui paraît homogène dans toutes les
parties, est de consistance herbacée, gélatineuse, cartilagineuse ou coriace. Leurs corpuscules reproducteurs
sont renfermés soit dans l'intérieur du tissu, soit dans
des réceptacles extérieurs en forme de tubercules. Ces
plantes sont d'une couleur verdâtre ou rougeâtre : elles
vivent dans l'eau douce ou salée, ce qui les a fait partager en deux sections : 1º les *conferves*, ou celles qui
végètent dans les eaux douces; 2º les *thalassiophytes*,
qui vivent dans les eaux des mers.

Les conferves sont ou gélatineuses ou filamenteuses.
Aux premières appartiennent ces mucosités vertes ou

jaune de rouille, que l'on trouve sur les terres et les pierres humides, sur l'écorce des végétaux pourris, au bord des ruisseaux et des mares, au pied des murs exposés à la pluie. Telles sont les substances connues sous les noms de globuline ou de matière verte, de trémelles, de nostocs, de batrachosperme, etc. Aux espèces filamenteuses appartiennent les conferves des ruisseaux et des marais, plantes composées de filaments déliés, simples ou rameux, tubuleux, articulés et renfermant dans leur intérieur de petits granules de matière verte, tantôt réunis en globules, tantôt disposés en lignes spirales. C'est dans ce groupe que l'on observe certaines espèces, qui semblent établir une sorte de passage entre les végétaux et les animaux (les oscillatoires et les conjuguées).

74. Parmi les thalassiophytes ou algues marines, on distingue les ulves et les fucus. Les *ulves* sont des plantes de consistance herbacée, le plus souvent de couleur verte, et jamais rouges ni noirâtres, ce qui empêche de les confondre avec les fucus. Elles forment des expansions membraneuses, planes ou fistuleuses, dans l'intérieur desquelles les corps reproducteurs sont épars; plusieurs sont employées comme aliments. La plupart habitent la mer, et quelques espèces se montrent aussi dans les eaux douces. Telle est l'*ulve intestinale*, qui a l'aspect d'un boyau verdâtre, et qui croît à la fois dans nos petits ruisseaux et dans la mer. Les *fucus* ou *varecs*

sont des plantes de consistance cartilagineuse ou coriace, de couleur olivâtre et noircissant à l'air, ou bien d'une couleur pourpre devenant brillante à l'air ; composées de frondes planes, inarticulées, munies de vésicules aériennes et presque toujours d'une nervure médiane, et portant à leurs extrémités des fructifications tuberculeuses. Ces plantes tiennent aux rochers par une sorte d'empâtement assez étendu. Les fucus donnent de la soude par la combustion et l'incinération, et en même temps de l'iode, substance employée avec succès dans le traitement du goître. Plusieurs sont recherchés pour servir d'aliments dans quelques contrées maritimes. Les espèces les plus remarquables de ce groupe sont : le *fucus vésiculeux*, très commun sur nos côtes, où l'on s'en sert pour emballer les huîtres ; le *fucus flottant*, dont la tige rameuse et cylindrique atteint jusqu'à plusieurs centaines de pieds de longueur, et semble former dans l'Océan des prairies submergées ; sous les tropiques, il porte le nom de raisin de mer, et se mange confit dans le vinaigre ; le *varec vermifuge*, qui fournit le médicament connu sous le nom de *mousse* de Corse, et employé pour combattre les vers chez les enfants ; la *gélidie*, susceptible de se réduire en gelée par l'ébullition et de servir à la nourriture de l'homme. Les fameux nids de salanganes, dont les Chinois et les Indiens sont si friands, et qu'ils payent au poids de l'or, sont composés de gélidies. Ces plantes, quand elles sont vieilles, se réduisent en une gelée qui flotte à la surface de la mer ; les hirondelles salanganes vont recueillir cette écume gélatineuse et en construisent leurs nids.

Famille des champignons.

75. Les *champignons* sont des plantes terrestres ou parasites, de consistance gélatineuse, charnue ou coriace, dépourvues de toute espèce de fronde ou expansion foliacée, jamais colorées en vert à l'intérieur et de forme extrêmement variable. Tantôt ce sont de simples filaments déliés, tantôt des tubercules à peine perceptibles ; d'autres fois ils ressemblent à des branches de corail, à des globes, à des chapeaux, à des parasols, à des coupes, etc. Leurs séminules sont tantôt renfermées dans le corps même du végétal, tantôt placées à la surface sur une membrane particulière. Ils croissent en général dans les lieux humides et ombragés, et leur accroissement est tellement rapide, qu'une nuit suffit pour les faire éclore par milliers ; et il en est qui acquièrent en quelques heures tout leur développement. On sait que plusieurs d'entre eux servent d'aliment à l'homme ; mais qu'un grand nombre sont des poisons subtils.

Les champignons se distinguent des deux familles cryptogames voisines, les algues et les lichens, par l'absence de toute espèce de fronde ou de croûte, portant les organes de la reproduction. Ils forment plusieurs groupes naturels, que quelques botanistes considèrent comme des familles distinctes, tels sont :

1° Les *urédos*, simples poussières végétantes, qui naissent sous l'épiderme des plantes et causent souvent leur dépérissement et leur mort. Ce sont ces productions parasites que les agriculteurs désignent par les mots de charbon ou de nielle, de carie, de rouille, etc. Le charbon est une poussière noire, pelotonnée, sans odeur, qui attaque les glumes et les ovaires des graminées. Elle cause une grande perte par la diminution qu'elle apporte dans les récoltes de céréales, mais ne paraît pas offrir de danger par son mélange avec la farine. La carie est une poussière noire, fétide, non visible à l'œil, qui se développe dans le grain sans le déformer. Elle nuit plus à la récolte que le charbon, à cause de l'influence qu'elle a sur la qualité de la farine qui devient grisâtre, fétide et malsaine. La rouille se développe sur les feuilles et sur la gaîne des graminées ; elle y forme des taches allongées ou des stries d'un brun roux et jamais noires. Sans attaquer le grain ni même l'épi, elle nuit à son développement, en affaiblissant la plante.

2° Les *mucédinées* (les mucors, les byssus), vulgairement nommés *moisissures :* ce sont des filaments simples ou rameux, souvent entrecroisés, et portant des séminules dépourvues de capsules. Quelquefois ces filaments se renflent à leur extrémité en une vésicule sphé-

rique qui renferme les séminules. Ils se développent à la
surface des corps organiques qui commencent à se
décomposer.

3° Les *lycoperdons* ou champignons angiocarpiens,
dont les séminules sont renfermées dans un conceptacle
pyriforme ou péridium, charnu ou membraneux, d'abord
fermé et s'ouvrant pour laisser échapper les séminules
sous forme de poussière; ex. : le lycoperdon vesse de
loup. On y rapporte les *truffes*, qui ont un péridium
épais, tuberculeux, indéhiscent, rempli d'une substance
charnue, marbrée ou veinée, et entremêlée de vésicules
séminifères. La truffe comestible croît sous terre dans
les forêts de chênes et de châtaigniers; celles du Périgord
sont les plus renommées. Les truffes étant souterraines,
on se sert pour les récolter des cochons qui en sont très
avides et qui les découvrent promptement.

4° Les *champignons proprement dits*, caractérisés
par leurs séminules, placées à la surface d'une masse
charnue ou subéreuse, qui forme le corps du champignon, et le plus souvent réunies en une membrane, appelée *hymenium*. Ils se divisent en plusieurs genres,
qui ne diffèrent que par leur forme générale et la position
de la membrane séminifère. Nous nous bornerons à citer
les principaux : les *clavaires*, champignons en forme de
massue pédiculée, dont toute la surface est recouverte
par la membrane; les *morilles*, en forme de massue irrégulière, traversée par le pédicule et garnie en dehors

Pl. 6.

Fig. 51.

Fig. 52.

Fig. 53.

Fig. 54.

Fig. 55.

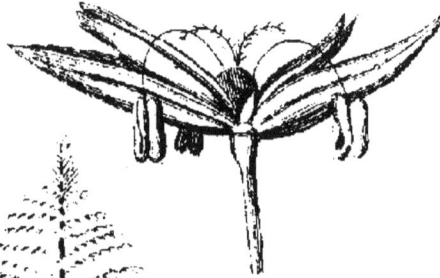

Fig. 56.

Fig. 57.

Fig. 58.

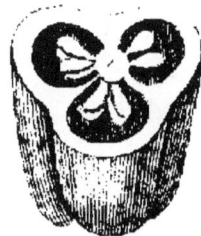

d'un réseau celluleux ; les *pezizes*, en forme de cupule pédiculée, dont la membrane ne couvre que la face supérieure ; les *helvelles*, en forme de cloche ou d'ombrelle ; les *bolets*, champignons à chapeau, garni en dessous de tubes-serrés et perpendiculaires, dont on ne voit que les ouvertures et que tapisse en dedans la membrane séminifère ; les *agarics* (fig. 51), à chapeau pédiculé, en forme de parasol, dont la face inférieure est garnie de la membrane séminifère, disposée en lames rayonnantes ; les *amanites*, qui ne diffèrent des agarics que par la présence d'une bourse ou *volva*, enveloppant le champignon dans sa jeunesse ; les *auriculaires*, dont le chapeau attaché par le dos ou par le côté, est recouvert inférieurement par une membrane lisse ou légèrement ridée ; les *clathres*, champignons arrondis, munis de volvas et sans pédicules, présentant à la surface une sorte de grillage, et intérieurement une masse gélatineuse, qui renferme les séminules et finit par s'écouler sous forme de liquide. Tout le monde sait qu'un grand nombre de champignons servent d'aliment à l'homme, mais que plusieurs sont des poisons très subtils. Il n'existe pas de caractères fixes, propres à faire reconnaître au premier coup d'œil les espèces dangereuses. En général, il faut rejeter les champignons dont l'odeur et le goût sont désagréables, la chair mollasse et aqueuse, ceux qui croissent dans les lieux ombragés et humides, et ceux qui changent de couleur lorsqu'on les entame. Le champignon de couche, qu'on mange à Paris, est une espèce du genre agaric. Un autre champignon très recherché est l'*oronge*, qui appartient au genre *amanite*. Il faut se garder de la confondre avec la fausse oronge, qui lui ressemble beaucoup et qui est très dangereuse. C'est avec une espèce de bolet, qui croît sur le chêne, que se prépare l'amadou. On le coupe par tranches, que l'on trempe dans une solution de nitrate de potasse, et que l'on bat convenablement, après les avoir fait sécher.

Les *hypoxylons*, petites plantes coriaces, ordinairement noires et croissant généralement sur d'autres végétaux, tenant le milieu entre les lichens et les champignons du groupe des pezizes ; elles se présentent sous la forme de tubercules ou de réceptacles cupuliformes, d'abord fermés, s'ouvrant à la maturité par une fente ou par un pore, et contenant dans une pulpe de petites capsules, pleines de séminules.

Famille des lichens.

76. Les *lichens* sont des plantes qui vivent sur l'écorce des autres arbres, sur la terre humide ou sur les rochers les plus stériles : elles se présentent sous la forme de croûtes membraneuses, simples ou lobées et de couleur variable, d'expansions planes, vertes, arborescentes ou d'apparence foliacée, appelées frondes, ou quelquefois d'une simple poussière. Les séminules sont

renfermées dans des réceptacles en forme d'écussons ou de cupules (fig. 52). La substance des lichens est le plus souvent sèche et comme cornée : elle se réduit par l'ébullition en une gelée que l'on emploie comme aliment dans quelques espèces (le lichen d'Islande, la pulmonaire de chêne). Le lichen des rennes est presque la seule nourriture de ces animaux durant l'hiver. On obtient une couleur violette ou purpurine du lichen orseille, qui croît sur les côtes de France.

Familles des hépatiques et des mousses.

77. A mesure que nous nous élevons dans la série des familles, l'organisation végétale se développe de plus en plus. Les hépatiques vont nous offrir des frondes assez compliquées et pourvues de radicules; les mousses, de véritables tiges, garnies de feuilles distinctes. Les *hépatiques* sont des plantes intermédiaires entre les lichens et les mousses : elles forment des expansions membraneuses vertes, simples ou découpées en lobes, quelquefois ramifiées, et présentent des organes de reproduction très variés. Ce sont des globules ou bulbilles, renfermés dans une espèce de calice sessile ou de corbeille; puis deux sortes d'ombrelles pédiculées, quelquefois séparées sur des individus différents. Les pédicules de la première sorte supportent uu disque à huit divisions, contenant un liquide visqueux; les pédi-

cules de la seconde sorte soutiennent dix rayons, qui recouvrent une capsule. Cette capsule s'ouvre par lambeaux réfléchis, et les séminules s'en échappent, lancées par des élatères (filaments élastiques, roulés en spirale). Exemple : l'*hépatique des fontaines*, préconisée jadis pour les maladies du foie ; la *jungermanne*.

Les *mousses* sont de petites plantes à tiges garnies de feuilles imbriquées et formant des rosettes, d'où naissent des capsules ou des espèces d'urnes, fermées par un opercule, et recouvertes par une coiffe membraneuse, plus ou moins conique. Ces urnes sont portées sur un pédicelle filiforme : elles sont traversées intérieurement par une columelle autour de laquelle sont fixées les séminules. Outre ces organes, que l'on a comparés à une fleur femelle, on trouve encore, au milieu des rosettes, des vésicules oblongues, portées sur un filet très court, et que l'on a prises pour des fleurs mâles. Exemp. : le *politric commun* (fig. 53) et la *sphaigne des marais.*

Familles des lycopodes, des prêles et des charas.

78. Les *lycopodes* sont de petites plantes, ayant le port des mousses, et offrant des capsules de deux sortes, situées à l'aisselle des feuilles ou disposées en épis terminaux. Les unes (et ce sont les plus petites et les plus nombreuses) laissent échapper une poussière fine, formée de globules sphériques. C'est la poudre de lyco-

pode, que l'on emploie pour recouvrir les gerçures qui se forment dans différentes parties du corps des nouveau-nés. Cette poudre s'enflamme et brûle avec tant de rapidité, qu'elle peut communiquer le feu aux objets environnants. Exemp. : le *lycopode en massue*.

Les *prêles* ou *équisétacées* (vulgairement les *queues de cheval*) sont des plantes herbacées, croissant dans les lieux humides, à tige creuse, cannelée, divisée en rameaux verticillés, et composée, comme ceux-ci, d'articles allongés, munis à leur point de jonction d'une collerette dentelée, qui paraît formée par la réunion de feuilles verticillées. Les fructifications sont en épis terminaux. Ces épis sont formés d'écailles pédicellées en forme de clous, soutenant en dessous des cornets membraneux, remplis de séminules ovoïdes d'une structure remarquable. Chacune de ces séminules est surmontée par quatre languettes, que l'on a regardées comme des étamines. Exemp. : la *prêle des champs*, la *prêle d'hiver* ou *asprêle*. Celle-ci a une tige recouverte d'aspérités rudes et fines, et s'emploie pour polir les bois et les métaux.

Les *charas* croissent dans les eaux stagnantes, où elles restent toujours submergées, formant à leur fond des tapis d'un vert blanchâtre. Leurs tiges sont grêles, rameuses, cassantes, rarement lisses, et le plus souvent hérissées de poils rudes et transparents. Elles présentent de distance en distance des rameaux verticillés au nombre de huit à dix, ce qui leur donne l'aspect d'une prêle. A l'aisselle des rameaux supérieurs on trouve des capsules entourées de bractées, et contenant des séminules réunies en une seule masse. Ces capsules sont formées de deux enveloppes, l'une externe, plus mince et terminée supérieurement par cinq dents en rosace ; l'autre interne, plus dure, composée de cinq valves étroites, contournées en spirale. Indépendamment de ces organes, on observe encore sur les rameaux des tubercules rougeâtres, sessiles et arrondis, et remplis d'un fluide mucilagineux. A cause de la rudesse de leurs tiges, les charas sont aussi employés à donner le poli aux métaux et à récurer la vaisselle.

Famille des fougères.

79. Les *fougères* sont des plantes ordinairement herbacées, devenant quelquefois arborescentes dans les régions tropicales et s'élevant alors à la manière des palmiers. Leurs feuilles (fig. 54), qu'on nomme *frondes*, et qui ne sont que des rameaux ou des pédoncules bordés de limbes foliacés, portent des capsules séminifères sur leur face inférieure, entourées souvent d'un anneau élastique et réunies quelquefois en tas qu'on appelle *sores*. Ces feuilles sont alternes, simples, mais profondément découpées à la manière des plumes, et roulées en crosse avant leur entier développement. Les plantes de cette fa-

mille donnent beaucoup de potasse par l'incinération. Quelques-unes servent de nourriture aux bestiaux et même à l'homme. Plusieurs sont employées en médecine contre le ver solitaire. Elles se plaisent dans les bois, sur les troncs d'arbres pourris, dans les fentes des rochers. Les espèces les plus communes de nos forêts sont la fougère femelle et la fougère impériale, dont la tige, coupée obliquement, présente la figure de l'aigle à deux têtes; le polypode de chêne, qui croît par touffes sur les troncs d'arbres et sur les vieux murs; la fougère mâle, l'une de celles qui, dans nos contrées, acquièrent les plus grandes dimensions. On trouve dans le midi de la France une espèce de capillaire, que l'on emploie pour faire le sirop de ce nom. Les scolopendres, les ophioglosses ou langues de serpents ont été aussi utilisées en médecine. Les feuilles de la plupart des fougères peuvent, après avoir été desséchées, servir de fourrage pour les bestiaux pendant l'hiver ou être employées comme litières, ou pour faire des coussins et des matelas.

DES VÉGÉTAUX MONOCOTYLÉDONS.

80. Toutes les plantes dont il sera question dans la suite de cet ouvrage sont pourvues de fleurs visibles, d'étamines et de pistils apparents, et se reproduisent au moyen de graines ou d'embryons cotylédonés. Les mo-

nocotylédones sont celles qui n'ont qu'un seul cotylédon
à l'embryon, ou dont les graines lèvent avec une seule
feuille séminale. Dans les végétaux de cette division, les
nervures des feuilles sont simples, longitudinales et pa-
rallèles ; la tige est presque toujours simple, cylindrique
et couronnée par un bouquet de feuilles terminales ; son
intérieur, au lieu de présenter, comme dans les dicotylédons, des couches concentriques d'écorce et de bois, et
un étui central pour la moelle, n'offre qu'une substance
spongieuse, médullaire, dans laquelle sont épars des
faisceaux de fibres. On partage les monocotylédons en
trois classes, d'après les différences dans le mode d'insertion des étamines, qui peuvent être hypogynes, périgynes ou épigynes (*voy.* page 32). Chacune de ces classes est ensuite subdivisée en un certain nombre de
familles. Ces familles sont trop nombreuses pour que
nous puissions les citer toutes. Nous ne mentionnerons
que celles qu'il importe le plus de connaître, à cause du
grand nombre de plantes utiles ou remarquables qu'elles
renferment.

Famille des graminées.

81. Cette grande famille, l'une des plus naturelles du
règne végétal, comprend toutes les plantes céréales et
toutes celles connues sous le nom de *gramen,* d'*herbe*
ou de *gazon,* qui sont organisées comme les céréales,

mais ont des graines trop menues pour servir à la nourriture des animaux, et ne s'emploient sous ce rapport que comme plantes à fourrage. Les graminées appartiennent à la classe des monocotylédones à étamines hypogynes. Ce sont des plantes herbacées, dont la tige est un chaume, c'est-à-dire qu'elle est cylindrique, ordinairement fistuleuse, entrecoupée de nœuds solides, de chacun desquels part une feuille engaînante, dont la gaîne est fendue, d'un côté, longitudinalement, et qui se prolonge, du côté opposé, en une languette plane plus ou moins longue. Des gaînes supérieures sortent les fleurs portées sur un axe ou pédoncule commun, et disposées en épi simple ou rameux, ou en panicule plus ou moins lâche. Les fleurs n'ont pour enveloppes que des écailles, formant des spathes ou involucres particuliers, appelés *glumes* : elles sont presque toujours hermaphrodites, ont le plus souvent trois étamines à anthères, portées par le milieu sur leur filet, et un ovaire libre, surmonté de deux stigmates garnis de poils (fig. 55). Le fruit est une cariopse, tantôt nue, tantôt enveloppée dans une des écailles persistantes : il se compose d'un périsperme farineux, creusé vers sa base d'une fossette latérale, dans laquelle est placé un petit embryon monocotylédoné. La base de l'ovaire est entourée de deux petites écailles, qui constituent la *glumellule* (fig. 55). La fleur est immédiatement enveloppée de deux autres écailles ou valves, formant la *balle* ou la *glumelle*, et plusieurs fleurs sont souvent rassemblées en un petit groupe, qu'on nomme *épillet*, lequel est à son tour enveloppé de deux derniè-res écailles, composant la *glume* proprement dite ; la glume et la glumelle n'ont quelquefois qu'une seule écaille. La disposition des épillets sur l'axe et la forme des écailles sont variables : celles-ci sont quelquefois munies de longues barbes ou arêtes.

82. La famille des graminées doit être placée au pre-mier rang, sous le rapport des services qu'elle rend à l'humanité. Presque tous les peuples civilisés trouvent dans les différentes espèces de grains des céréales la base principale de leur nourriture, et l'herbe fraîche ou sé-chée d'un grand nombre de gramens fournit à nos ani-maux domestiques le meilleur des fourrages. Parmi les plantes céréales, on distingue surtout le froment, le seigle, l'orge, l'avoine, le riz et le maïs. De toutes les graminées d'Europe, c'est le *froment* ou le blé qui est la plus précieuse. Sa farine donne le meilleur pain, celui que l'estomac digère le plus facilement. Cette farine se compose de deux parties, l'amidon et le gluten. C'est au gluten que la farine doit la propriété de faire pâte avec l'eau et de lever par son mélange avec le levain ou la levure de bière. L'amidon ou la fécule servait ancienne-ment à faire la poudre à poudrer. Bouilli dans l'eau, il forme l'empois avec lequel on donne de la raideur au linge. La partie centrale du grain se nomme *gruau blanc* ou *semoule :* elle donne la farine la plus belle et la plus

estimée. Le son est l'enveloppe extérieure du grain, que l'on sépare de la farine par le blutoir : il sert à la nourriture des bestiaux. Les chaumes desséchés de certaines espèces de froment fournissent les belles pailles avec lesquelles on fait les chapeaux en Suisse et en Italie. On ignore la patrie du blé, de même que celle de la plupart des autres céréales, qui sont cultivées depuis longtemps. Il y a une espèce de froment sauvage, remarquable par ses racines longues et rampantes, que l'on vend sous le nom de *chiendent*.

Le *seigle* a des épis allongés, chargés de longues barbes, qui terminent les écailles extérieures des glumelles. Sa farine donne un pain gras, de couleur brune, qui est savoureux et rafraîchissant. Unie à celle de froment, elle constitue le méteil, qui fournit un pain plus substantiel. Mêlée avec du miel, elle forme le pain d'épice. Le seigle sert encore à la fabrication de l'eau-de-vie de grains. — *L'orge* a pareillement des épis barbus ; mais ses épillets sont disposés trois à trois sur chaque dent de l'axe commun. Il fait la base de la nourriture du pauvre, dans les pays du nord, où le froment ne peut réussir. La bière est une boisson fermentée, qui se fait avec l'orge et le houblon. L'orge mondé ou perlé, que l'on emploie comme médicament, est le grain privé de son enveloppe, et plus ou moins arrondi par la mouture.—*L'avoine* a ses fleurs en panicule ; les valves extérieures des glumelles offrent une arête crochue et torse, qui part du milieu de leur dos. Elle sert à faire un pain assez grossier et constitue l'aliment principal de nos chevaux. Le gruau d'avoine est très nourrissant et fort usité en médecine.—Le *riz* a ses fleurs en panicule, et chacune d'elles a six étamines. Cette graminée sert de nourriture principale dans plus de la moitié du globe, et particulièrement à la Chine et dans l'Inde, d'où elle tire son origine. On la cultive dans les parties méridionales de l'Europe, en Italie, en Espagne, etc.—Le *maïs* ou blé d'Inde, blé de Turquie, est une des plus belles et des plus grandes céréales cultivées en Europe : elle est originaire du Nouveau-Monde. Ses fleurs sont unisexuelles et monoïques dans des épis séparés; les mâles sont disposés en panicule à la partie supérieure de la plante; les fleurs femelles sont situées au-dessous des mâles aux aisselles des feuilles. Les fruits sont gros, disposés par séries longitudinales et comme incrustés dans l'axe charnu de l'épi. Après le riz et le froment, c'est le grain le plus généralement employé comme substance alimentaire. Sa farine a une couleur jaunâtre : on en fait des bouillies et des gâteaux, qui sont fort nourrissants et d'un goût agréable.

83. Nous citerons parmi les plantes économiques : la *canne à sucre* (fig. 56), dont la tige, haute de huit à douze pieds, se distingue par de larges feuilles et une panicule terminale, étalée en éventail, et ayant une forme presque pyramidale. C'est des tiges de cette graminée que l'on extrait la plus grande partie du sucre consommé

en Europe. Le suc qu'elles renferment, exprimé au moyen de fortes presses, cuit jusqu'à consistance de sirop, et ensuite abandonné à lui-même, se prend en une masse de petits cristaux confus. Le sucre brut, ainsi obtenu, est la *cassonnade*, que l'on transporte en Europe, où elle est raffinée avec soin, pour être amenée à l'état de sucre blanc. Un autre produit de la canne à sucre est le *rhum* ou eau-de-vie de sucre, que l'on obtient en soumettant à la fermentation spiritueuse les écumes retirées lors de la cuite du sucre. Nous devons encore mentionner ici le *roseau*, si commun dans les lieux marécageux, dont les chaumes droits, hauts de un à deux mètres, sont garnis de feuilles rubanées, coupantes et dentées sur leurs bords. On s'en sert pour couvrir les cabanes, et pour faire de petits balais d'appartements.—Le *bambou*, genre de graminée arborescente des contrées équatoriales, qui rivalise avec les palmiers pour la grosseur, l'élévation et la solidité de ses tiges ; les plus jeunes servent à faire des cannes.

Famille des palmiers.

84. La famille des PALMIERS est une de celles qui présentent les arbres les plus grands et les fruits les plus utiles à l'homme, surtout pour les habitants des régions équatoriales. Leur tige est droite, cylindrique, le plus souvent simple, et se termine par une touffe élégante de

feuilles et de fleurs. Les feuilles sont grandes, déchirées en lanières ou étalées en éventail. Les fleurs le plus souvent unisexuelles sont disposées en chaton ou en spadice rameux, appelé *régime*, et enveloppées avant leur épanouissement dans une spathe coriace et quelquefois ligneuse : elles ont un calice à six divisions, dont trois extérieures plus petites, et trois internes ressemblant à des pétales. Six étamines périgynes, trois ovaires dont deux avortent souvent. Le fruit est le plus ordinairement une baie ou une drupe. Les palmiers sont tous originaires des contrées chaudes du nouveau et de l'ancien continent, à l'exception du palmier éventail, qui croît naturellement sur les côtes européennes du bassin de la Méditerranée.

On distingue les palmiers à feuilles pinnées ou déchirées en lanières (vulgairement *palmes*), et les palmiers à feuilles en éventail. Parmi les premiers, nous citerons le rotang et le sagoutier, dont les fruits sont écailleux, et l'arec, le cocotier et le dattier, qui ont pour fruit une baie ou une drupe. Le *rotang* est une plante arborescente du port des graminées, dont les tiges souples et tenaces fournissent les baguettes propres à battre les habits et les cannes connues sous les noms de joncs et de rotins. Le *sagoutier* est un palmier de moyenne grandeur, dont la moelle fournit la fécule, appelée sagou, qui nous vient de l'Inde sous la forme de petits grains roussâtres. On en forme avec le lait et le bouillon de légers potages, que l'on recommande dans les affections de poitrine. L'*arec* ou le chou palmiste fournit aussi un aliment dans le bourgeon non encore développé, qui termine sa tige. Ce bourgeon, qu'on nomme chou, se mange ordinairement cru : sa saveur est à peu près celle de l'artichaut. Le *cocotier* des Indes, l'un des plus beaux et des plus intéressants palmiers, originaire des Indes Orientales, est naturalisé aujourd'hui dans toutes les contrées équatoriales du nouveau continent. Ses palmes ont jusqu'à douze et quinze pieds de longueur ; ses fruits, qui dépassent le volume de la tête d'un homme, sont de véritables noix ou drupes sèches, appelées *cocos*. Entre leur pellicule externe et leur noyau osseux est une sorte de bourre ou de filasse, dont on fait des cordages ou des toiles grossières. Le noyau, épais et dur, offre trois lignes saillantes longitudinales, et a sa base percée de trois trous, fermés par une membrane noire : il ne renferme qu'une seule graine. L'amande, qui a un périsperme charnu très volumineux, est la partie la plus précieuse du cocotier : elle sert de nourriture aux habitants des contrées qui voient croître ce bel arbre. Sa saveur est douce et ressemble beaucoup à celle des amandes ou des noisettes fraîches : elle est creusée à son centre d'une grande cavité pleine d'une sorte de lait, qui forme une boisson aussi saine qu'agréable. Le *dattier* est aussi au nombre des palmiers les plus beaux et les plus utiles. Sa tige s'élève à cinquante ou soixante pieds, et porte à son sommet une couronne de palmes longues de huit à douze pieds. Ses fleurs sont unisexuelles et dioïques, et forment de grandes panicules rameuses, renfermées avant leur épanouissement dans de grandes spathes coriaces et presque ligneuses. Ses fruits, appelés *dattes*, sont des espèces de baies ovoïdes, d'une couleur jaune dorée, de la grosseur et à peu près de la longueur du pouce : ils sont doux, mielleux et très nourrissants. Le dattier est cultivé en Orient et dans le nord de l'Afrique. On ne cherche à multiplier que les pieds femelles, et, à l'époque de l'épanouissement des fleurs mâles, le cultivateur les enlève et va les secouer ou les attacher sur les dattiers femelles, aidant ainsi à leur fécondation par un moyen artificiel, pratiqué de toute antiquité. Le dattier a été introduit dans toutes les contrées chaudes du globe : il s'est naturalisé dans le midi de l'Espagne et en Italie, où il remonte jusqu'aux environs de Gênes ; on en voit même quelques pieds dans les provinces méridionales de la France. Les dattes forment la base de la nourriture des peuples qui cultivent en grand le palmier ; les autres parties du dattier servent à différents usages économiques. Les feuilles elles-mêmes sont l'objet d'un très grand commerce : elles figurent dans les cérémonies et les processions des religions catholique et juive.

Parmi les palmiers à feuilles en éventail, on distingue le *palmier-éventail*, qui croît sur les côtes de la Méditerranée et particulièrement en Sicile, où il prend peu de développement en hauteur ; le *latanier*, qui est commun sur les plages sablonneuses des Iles de France et de Bourbon ; et le *corypha* du Malabar, le plus beau des palmiers par ses feuilles disposées en parasol, et dont une seule peut couvrir quinze ou vingt hommes. Au centre de ces énormes feuilles s'élève un spadice rameux, qui présente l'aspect d'un immense candélabre. Les fruits sont des baies sphériques, lisses et vertes, grosses comme des pommes de reinette. Pendant de longues années, ce magnifique palmier est stérile. Tout à coup il se charge de fleurs, auxquelles succèdent des fruits en nombre si prodigieux, qu'un seul pied en donne, dit-on, jusqu'à vingt mille. Puis l'arbre dépérit comme épuisé par un tel excès de fécondité. On retire de plusieurs palmiers une sève sucrée que la fermentation transforme en vin *(vin de palme)* et dont on obtient par la distillation une sorte d'eau-de-vie (le *rack*).

Famille des liliacées.

85. Les LILIACÉES sont des plantes herbacées, à racine bulbifère ou fibreuse, et à feuilles alternes, sessiles ou engaînantes, souvent radicales. Dans ce dernier cas, on voit s'élever du milieu d'elles une hampe qui porte les fleurs. Celles-ci, enveloppées quelquefois dans une spathe avant leur épanouissement, ont un calice pétaloïde, à six divisions égales et régulières, disposées sur deux

rangs (fig. 57); six étamines insérées à la base des divisions du calice; un ovaire libre à trois loges, renfermant plusieurs ovules attachés à l'angle interne de chaque loge; un style simple ou nul, un stigmate ordinairement à trois lobes. Le fruit est une capsule polysperme à trois loges et à trois valves (fig. 58), s'ouvrant par le milieu des loges. Cette famille renferme un grand nombre d'espèces remarquables par l'élégance de leur port, la beauté et le parfum de leurs fleurs; la plupart sont cultivées dans nos jardins. Nous citerons parmi les plantes d'ornement ou économiques : le *lis*, dont les fleurs ont un calice en cloche, à divisions profondes, souvent réfléchies et marquées en dedans d'un sillon glanduleux. — La *fritillaire* ou couronne impériale, à fleurs renversées et verticillées, formant une couronne surmontée d'une touffe de feuilles. — L'*asphodèle*, dont le calice est à divisions profondes, étroites et étalées, dont les fleurs sont en épi et dont le fruit est une capsule sphérique. — La *tulipe*, dont le calice est en cloche, et l'ovaire est dépourvu de style.— La *jacinthe*, à calice campanulé, découpé seulement sur le bord. — La *tubéreuse*, remarquable par son odeur forte et suave. — L'*hémérocalle*, dont les fleurs, assez semblables à celles du lis, en sont distinguées en ce que leur calice est un peu irrégulier, que leurs étamines sont penchées et leur stigmate velu. — L'*ail*, dont les fleurs en ombelle sont entourées d'une spathe à deux valves, et dont les principales espèces sont connues sous le nom d'*ail commun*, d'*oignon*, d'*échalotte*, de *poireau*.—Le *phormium tenax* ou lin de la Nouvelle-Zélande, dont on se sert en guise de lin ou de chanvre, pour fabriquer des *tissus* et des cordes d'une excellente qualité : on a cherché à le naturaliser dans le midi et l'ouest de la France. — L'*aloès*, plante à racine vivace et fibreuse, à feuilles épaisses et charnues, tantôt couvertes de verrues, tantôt parsemées de taches ou d'épines. Ses fleurs sont disposées en épi. Les aloès se rapprochent beaucoup des agaves par leur port : ils croissent presque tous dans les régions chaudes du globe, particulièrement au cap de Bonne-Espérance et dans l'Inde. — L'*yucca*, originaire du nord de l'Amérique, plante ligneuse à stipe cylindrique, à feuilles roides, aiguës et assez épaisses. Ces deux derniers genres contiennent les espèces de la famille, qui atteignent la taille la plus élevée.

86. Les ASPARAGINÉES ne diffèrent des liliacées que par leur port, par leur racine fibreuse et leur fruit, qui est une baie. Cette famille comprend entre autres genres : l'*asperge*, dont les fleurs sont petites, d'un jaune-verdâtre, portées sur des pédoncules filiformes : ses fruits sont des baies rouges, de la grosseur d'un pois. Ce sont les jeunes pousses que produisent chaque année les racines de cette plante, qui nous servent d'aliment. — La *salsepareille*, plante médicinale. — Le *muguet*, plante d'ornement, aux fleurs pendantes, petites, dont le calice urcéolé présente six dents roulées en dehors. — Le *pe-*

tit-houx, arbrisseau élégant et toujours vert, à feuilles piquantes, dont la face supérieure donne naissance aux fleurs vers le milieu de la nervure médiane. — Le *dragonier* des Canaries, arbre dont le suc rouge est connu sous le nom de sang-dragon. — L'*igname*, plante sarmenteuse et grimpante, originaire de l'Inde et naturalisée en Amérique : elle a une racine charnue, qui pèse quelquefois de trente à quarante livres, et que l'on cultive et mange comme la pomme de terre. Elle constitue l'un des principaux aliments des peuples qui habitent les régions équatoriales.

Les NARCISSÉES ne diffèrent des liliacées que parce qu'elles ont un ovaire infère, adhérent avec le calice, qui est tubuleux. On rapporte à cette famille les genres suivants : les *narcisses*, à calice tubuleux, dont la gorge est garnie d'une sorte de godet pétaloïde (*nectaire*), et dont le limbe est étalé (le narcisse des prés, le narcisse des poëtes, la jonquille, etc.). — Les *amarillis* (le lis de Saint-Jacques, la belladone). — Les *agaves*, plantes grasses, originaires des contrées chaudes de l'Amérique, à feuilles épaisses, solides et armées de piquants, dont les fibres servent à faire des toiles et des cordages : elles sont remarquables par la rapidité avec laquelle croissent leurs stipes ou tiges en gaîne. En moins de huit jours, ces tiges parviennent à vingt ou vingt-cinq pieds de hauteur. — Les *bromelia* ou *ananas*, originaires de l'Amérique méridionale, dont on mange le fruit formé par l'agrégation d'un grand nombre de baies autour d'un axe devenu charnu et succulent : ce fruit, renommé pour sa saveur et son arome, a l'aspect d'un cône de pin, et il est surmonté d'une couronne de feuilles.

Il est encore une famille facile à distinguer après celles que nous venons de citer, puisqu'elle ne diffère essentiellement de la dernière que par ses étamines, qui sont au nombre de trois, au lieu de six : c'est la famille des IRIDÉES, dont le calice coloré présente six divisions profondes sur deux rangs, les internes dressées, les externes réfléchies. L'ovaire infère est surmonté d'un style et de trois stigmates, souvent laminaires et pétaloïdes. Principaux genres : les *iris*, les *glayeuls*, les *bermudiennes*, les *tigridies*, et le *safran*, dont les stigmates fournissent la matière d'un jaune rougeâtre, connu sous ce nom dans le commerce.

87. Enfin nous mentionnerons encore ici la petite famille des BANANIERS, voisine de celle des narcissées ; ce sont des plantes herbacées ou vivaces, pourvues d'une sorte de stipe, qui n'est qu'une hampe fortifiée par les pétioles engaînants des feuilles, qui forment tout autour un bulbe allongé. Ces feuilles, d'abord roulées en cornet, sont très longues, ont une côte très saillante et se déchirent transversalement en lanières. Les fleurs à six étamines sont grandes et peintes des plus vives couleurs. Les bananiers sont originaires des Indes-Orientales : ils sont très précieux par la nourriture que fournissent leurs

fruits, appelés *bananes*, et par l'emploi que l'on fait de leurs feuilles pour couvrir le toit des habitations ou pour en extraire des fibres propres à fabriquer des tissus. Les bananes sont des fruits triangulaires, charnus, d'un jaune pâle, longs de quatre à huit pouces, ayant une certaine ressemblance extérieure avec nos concombres. Leur pulpe est moelleuse, molle et d'un goût légèrement sucré : elle est très nourrissante, et l'on en fait une pâte avec laquelle on prépare une sorte de pain. On mange les bananes crues ou cuites, et apprêtées de diverses manières. Aux Antilles et dans les Indes, elles forment la principale nourriture du peuple; le colon en nourrit ses nègres. On a calculé qu'un terrain de cent mètres carrés, où l'on aurait planté quarante touffes de bananiers, donnerait par an quatre mille livres d'un aliment sain et agréable, tandis que le même terrain, semé en froment, n'en fournirait guère que trente livres. Le produit des bananes vaut donc plus de cent trente fois celui du froment.

VÉGÉTAUX DICOTYLÉDONS.

88. Les végétaux dicotylédons sont tous ceux dont l'embryon offre deux cotylédons opposés, ou bien dans une seule famille (celle des conifères) de trois à dix cotylédons verticillés. Les caractères principaux qui les dis-

tinguent des plantes monocotylédones sont : la disposition des fibres de la tige par couches concentriques, la
ramification des nervures des feuilles, les parties de la
fleur presque toujours réglées sur le nombre cinq ou l'un
de ses multiples, la présence fréquente d'un calice et
d'une corolle, et enfin le port, qui est tout différent. Les
dicotylédons ont été d'abord divisés en plantes à fleurs
hermaphrodites et plantes diclines ou à fleurs unisexuelles. Les premières, qui sont les plus nombreuses,
se subdivisent ensuite en apétales, monopétales et polypétales. Puis chacune de ces subdivisions se partage ensuite en plusieurs classes, d'après le mode d'insertion
des étamines, qui sont épigynes, hypogynes ou périgynes
(*voy.* pag. 75).

Famille des polygonées.

89. Les POLYGONÉES appartiennent à la classe des apétales à étamines périgynes ; ce sont des plantes la plupart
herbacées, à feuilles alternes, roulées en dessous sur la
nervure moyenne dans leur jeunesse, et munies de stipules engaînantes. Leurs fleurs sont le plus ordinairement
petites et verdâtres : elles ont un calice monosépale, offrant de trois à six divisions, souvent persistantes. Les
étamines en nombre variable, mais déterminé pour chaque genre, vont rarement au-delà de neuf. L'ovaire est
libre, à plusieurs styles ou stigmates, et à une seule loge

contenant un seul ovule. Le fruit est petit, le plus souvent triangulaire, sec et indéhiscent, à périsperme farineux : il est quelquefois recouvert par le calice qui persiste.

Les genres principaux sont : les *polygonum* ou les *renouées*, plantes économiques ou d'ornement, dont les fleurs ont ordinairement huit étamines, et dont font partie le sarrazin ou le blé noir, avec les graines duquel on fait du pain dans plusieurs contrées de la France ; et la bistorte, dont la racine articulée et formant plusieurs coudures, est employée en médecine. — Les *rumex*, à six étamines, dont l'*oseille* et la *patience* sont des espèces : on sait que l'on mange les feuilles de la première, et que la racine de la seconde est employée en médecine comme dépurative. — Les *rhubarbes*, à neuf étamines, dont les racines fournissent un médicament légèrement purgatif. On rapporte à ce genre la rhubarbe du commerce, appelée rhubarbe de Moscovie, parce qu'elle nous vient de la Chine par la Sibérie et la Russie.

La famille des ARROCHES OU ATRIPLICÉES a de grands rapports avec les polygonées, dont elle se distingue par ses feuilles privées de gaîne, et par la position de son embryon, qui est roulé autour du périsperme. Elle comprend plusieurs végétaux intéressants : l'*arroche* des jardins ; l'*ansérine* ou patte d'oie ; l'*épinard*, dont les feuilles se mangent sur nos tables ; la *salsola* ou la *soude*, dont les cendres fournissent la soude du com-

merce; la *bette* ou *poirée*, à racines tubéreuses et charnues, et dont on cultive deux variétés : la *carde*, dont
les feuilles sont plus grandes et ont des côtes larges et
charnues, que l'on mange; et la *betterave*, dont la racine
est grosse, pivotante, d'un rouge foncé ou d'un jaune
doré. Elle a, quand elle est cuite, une saveur douce et
sucrée, qui la fait rechercher comme aliment; mais c'est
surtout par la quantité considérable de sucre qu'elle renferme qu'elle joue un rôle important dans l'économie
domestique. La France possède maintenant plus de
soixante établissements où le sucre de betterave se
prépare en grand. On sait que ce sucre est parfaitement
identique avec celui que l'on extrait de la canne dans les
colonies.

Famille des primulacées.

90. Cette famille fait partie de la classe des monopétales à étamines hypogynes. Les PRIMULACÉES sont des
plantes herbacées, à racines annuelles ou vivaces, à
feuilles opposées ou verticillées, et paraissant toutes radicales. Leurs fleurs ont un calice monosépale à quatre
ou cinq divisions; une corolle monopétale infundibuliforme à cinq lobes; cinq étamines insérées sur la corolle,
à l'entrée de son tube ou à la base de ses divisions, auxquelles elles sont toujours opposées; un ovaire libre à
une seule loge, contenant un très grand nombre d'ovu-

les attachés à un placenta central. Le fruit est une capsule uniloculaire et polysperme, s'ouvrant tantôt par le milieu comme une boîte à savonnette, tantôt par le sommet en plusieurs valves. La plupart des primulacées sont employées à l'ornement des jardins.

Les principaux genres de cette famille sont : les *primevères (primula)*, dont on cultive dans les jardins une espèce sous le nom d'*oreille d'ours*. Tout le monde connaît la primevère officinale ou primevère coucou, dont les bouquets de fleurs jaunes et odorantes sont la première parure de nos prairies au retour du printemps. — Les *anagallides* ou mouron des champs, petites herbes grêles, très communes dans les moissons, à fleurs rouges ou bleues, de teintes vives et brillantes. Il ne faut pas confondre ce genre avec le mouron blanc des oiseaux, qui appartient à une autre famille. — Les *cyclames* ou pain de pourceau, ainsi nommés communément parce que les cochons sont friands de leurs racines et les recherchent pour s'en nourrir. — Les *lysimachies*, les *androsaces* et *soldanelles*. — La *gyroselle* (dodécathéon) à fleurs roses pendantes. — Le *menyanthe* (ou trèfle d'eau) à fleurs blanches rosées, élégamment ciliées.

Famille des jasminées.

91. La famille des JASMINÉES appartient à la classe des plantes monopétales à étamines hypogynes : elle se com-

pose de végétaux ligneux à feuilles opposées, dont les fleurs ont un calice tubuleux, une corolle monopétale régulière et pareillement tubuleuse (à quatre ou cinq divisions); deux étamines seulement, un ovaire libre, surmonté d'un style à stigmate bilobé. Le fruit est tantôt une capsule à une ou deux loges, indéhiscente ou s'ouvrant en deux valves, tantôt c'est une baie ou une drupe à noyau osseux.

Les genres se distribuent en deux sections : ceux à fruit sec et ceux à fruit charnu. La première section comprend entre autres : le *lilas*, dont la corolle est à quatre divisions, et dont le fruit est une capsule. Les fleurs d'un violet tendre forment de grandes panicules pyramidales à l'extrémité des rameaux. On en cultive plusieurs variétés : lilas commun, lilas marin, lilas de Perse. — Le *frêne*, sur lequel on greffe le lilas : c'est un arbre à fleurs polygames, complètes ou incomplètes, dont le fruit est une capsule ailée ou membraneuse sur les bords. Dans le frêne commun, un des plus beaux arbres de nos bois, les fleurs sont jaunâtres et disposées en grappes ; la tige est droite, élancée, et les feuilles sont régulièrement ailées avec impaire. L'*orme* est une espèce de frêne, d'où découle le suc légèrement purgatif, qu'on appelle *manne*. La seconde section, celle des genres à fruit charnu, comprend : le *jasmin*, si recherché à cause de l'odeur suave de ses fleurs, dont la corolle est à cinq lobes. — L'*olivier*, si précieux par son

fruit, qui est une drupe ovoïde à chair huileuse, renfermant un noyau à une seule graine ; sa corolle est courte
et à quatre lobes. On le reconnaît à ses petites fleurs
blanches et à ses feuilles d'un vert blanchâtre, entières,
lancéolées et persistantes. Cet arbre, naturalisé dans les
parties méridionales de la France, est originaire d'Asie ;
tout le monde sait que l'huile à manger s'extrait des
olives en soumettant celles-ci à la presse. — Le *troène*,
aux petites fleurs blanches, disposées en grappes terminales, que l'on trouve fréquemment dans les bois et dans
les baies.

Famille des scrophulariées.

92. La famille des SCROPHULARIÉES OU PERSONNÉES comprend les végétaux que Tournefort réunissait sous ce
dernier nom, parce qu'ils ont une corolle irrégulière personnée ou en masque ; quelquefois leur corolle est à deux
lèvres, comme celle des labiées, avec lesquelles ils ont
beaucoup de rapport, mais dont ils diffèrent par le fruit,
qui est une capsule à deux loges. La plupart ont une
odeur et une saveur désagréables et des propriétés dangereuses ; leurs étamines sont ordinairement au nombre
de quatre et didynames, rarement au nombre de deux :
elles sont insérées à la corolle monopétale. On distingue
parmi les genres de cette famille : la *scrophulaire*,
plante médicinale, à corolle presque globuleuse et à deux

Fig. 59.

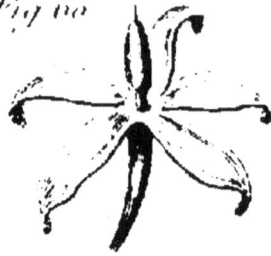

Fig. 60.

Fig. 61.

Fig. 62.

Fig. 63.

Fig. 64.

Fig. 66.

Fig. 65.

Fig. 67.

Fig. 68.

lèvres. — L'*antirrhinum* ou le *muflier*, vulgairement *mufle de veau* ou *gueule de lion*, plante d'ornement, à fleurs rouges ou blanches, dont la corolle est à deux lèvres fermées avec une bosse à la base. — La *digitale*, à corolle tubuleuse, ventrue, dont le limbe oblique est à quatre lobes inégaux : une des plus belles espèces de ce genre est la *digitale pourprée*, dont les fleurs sont purpurines, tachetées intérieurement, pendantes, toutes tournées d'un même côté et formant un épi simple.—La *linaire*, aux fleurs éperonnées. — La *gratiole* et l'*euphraise*, plantes médicinales.—La *pédiculaire* des bois et des marais (à fleurs brillantes et à feuilles découpées). —Les *véroniques*, aux petites fleurs bleues, à corolle rotacée, portant seulement deux étamines.

Il est un genre voisin de la famille des scrophulariées, mais qui en diffère par son ovaire à une seule loge : c'est l'*orobanche*, plante parasite, sans feuilles, d'un aspect triste, et qui paraît comme desséchée.

Famille des labiées.

93. La famille des LABIÉES, ainsi que les deux suivantes, fait encore partie de la classe des monopétales à étamines hypogynes. Les labiées sont des plantes herbacées ou sous-ligneuses à tiges carrées, à feuilles simples et opposées, à fleurs irrégulières et odoriférantes, situées à l'aisselle des feuilles supérieures : toutes sont

aromatiques. Le calice est monosépale, tubuleux, à cinq dents tantôt à peu près égales, tantôt inégales et formant deux lèvres opposées. La corolle est monopétale, tubuleuse, à limbe ordinairement divisé en deux lèvres, l'une supérieure à deux lobes, l'autre inférieure à trois (fig. 59): quelquefois la lèvre supérieure est à peine marquée. Cette corolle est insérée sous l'ovaire. Les étamines sont ordinairement au nombre de quatre et didynames (c'est-à-dire deux grandes et deux petites); mais les deux dernières avortent dans quelques genres. Ces étamines sont insérées au tube de la corolle sous sa lèvre supérieure. L'ovaire est libre, porté sur une sorte de disque ou bourrelet jaunâtre, profondément partagé en quatre lobes et déprimé à son centre, d'où nait un style simple, terminé par un stigmate à deux divisions (fig. 62). Le fruit se compose de quatre akènes, cachés au fond du calice persistant.

94. Les genres nombreux de cette famille peuvent se partager en quatre sections : la première comprend les genres à deux étamines ; la seconde ceux à quatre étamines, dont la corolle est à une seule lèvre (la supérieure étant très courte) ; la troisième ceux à quatre étamines, dont la corolle est bilabiée ou à deux lèvres, mais dont le calice est à cinq dents régulières ; la quatrième, enfin, ceux dont la corolle et le calice sont tous deux bilabiés.

A la première section appartiennent : la *sauge*, à corolle bilabiée (dont la lèvre supérieure est en faucille;

les étamines, au nombre de deux seulement, ont leurs loges séparées par un connectif, placé transversalement sur le filet. L'une de ces loges est presque constamment avortée. — Le *romarin*, arbrisseau très aromatique à feuilles sessiles, étroites et lancéolées, et à fleur d'un bleu très pâle. — La *monarde*, aux larges verticilles de fleurs d'un rouge vif ou pourpré. La seconde section comprend le genre *bugle* et la *germandrée* ou petit chêne, aux feuilles d'un beau vert et aux petites tiges presque frutescentes et souvent accompagnées de bractées. La germandrée diffère de la bugle par la fente profonde que l'on remarque à la partie supérieure de la corolle, fente à travers laquelle passent les étamines. Dans la troisième section sont les genres : *hysope, sarriette, menthe, lavande, betoine, cardiaque, ballote, marrube, gléchome* ou lierre terrestre, *lamier* ou ortie blanche, qui tous fournissent des plantes médicinales. Ajoutons encore la *cataire* ou l'herbe aux chats, que ces animaux recherchent et sur laquelle ils se roulent avec délice ; le *phlomis* ou la queue de lion, remarquable par ses longues fleurs, d'une belle couleur aurore. A la quatrième section se rattachent les genres : *origan, mélisse, basilic, thym* (dont le serpolet est une espèce) et *brunelle*. On cultive comme plantes d'agrément plusieurs espèces de brunelle, de basilic, de phlomis, de sauge, de monarde, de romarin, etc. Un grand nombre d'espèces de labiées sont en usage dans nos cuisines ; mais la médecine en emploie un nombre bien plus considérable encore.

A côté des labiées viennent se placer quelques genres, dont on a fait les types d'autant de familles : la *verveine*, à quatre étamines didynames, et dont le fruit est une capsule indéhiscente, à quatre loges monospermes. — L'*acanthe*, à étamines pareillement didynames et à fruit déhiscent ; remarquable par ses feuilles d'un vert foncé, luisantes et si élégamment découpées, etc.

Famille des solanées.

95. La famille des SOLANÉES se compose de plantes herbacées ou ligneuses, à feuilles alternes, dont l'aspect est généralement triste et sombre. Leurs fleurs, souvent très grandes, sont extra-axillaires ou à côté de l'aisselle des feuilles, ou bien sont disposées en épis ou grappes. Leur calice, monosépale et persistant, est à cinq divisions peu profondes. Leur corolle monopétale régulière offre cinq lobes plissés sur eux-mêmes. Les étamines, au nombre de cinq, à filets souvent barbus, sont insérés à la corolle, laquelle est placée sous l'ovaire (fig. 60). Celui-ci, porté sur un disque hypogyne, est ordinairement à deux loges polyspermes. Le fruit est une capsule ou une sorte de baie. Les graines offrent un embryon recourbé à la base d'un périsperme charnu.

Les principaux genres de cette famille sont : le *sola-num* ou la *morelle*, dont la corolle est rotacée, à tube très court et à limbe étalé, et les étamines dressées et serrées les unes contre les autres (fig. 60) ; le fruit est une baie à deux loges. A ce genre appartient la *morelle tubéreuse* ou la *pomme de terre*, originaire du Pérou, et dont les tubercules souterrains sont, après les céréales, l'aliment le plus précieux pour l'homme, en même temps qu'ils servent à préparer de l'amidon, de l'alcool et du sucre ; la *morelle mélongène* ou *l'aubergine*, à gros fruits charnus, blancs ou violets, que l'on mange quand ils sont cuits ; une de ces variétés, dont le fruit ovale et d'un blanc luisant ressemble à un œuf de poule, se cultive comme plante d'agrément ; la *morelle tomate*, ou *pomme d'amour*, dont le fruit est une baie rouge ; la *morelle douce-amère*, plante médicinale, à tige sarmenteuse et grimpante, à fleurs violettes et à fruit rouge ; et le *buisson ardent*, espèce à belles fleurs d'un rouge de carmin et dont la tige et les feuilles sont armées de longs aiguillons rougeâtres.—Le *tabac ordinaire*, plante annuelle, haute de deux à quatre pieds, à feuilles alternes, ovales, longues d'un pied et larges de trois à quatre pouces. Ces feuilles ont une odeur vireuse et désagréable, quand elles sont fraîches ; mais, lorsqu'elles ont subi un commencement de fermentation, leur odeur est piquante et très agréable ; on les coupe alors en petits fragments ou on les réduit en poudre, pour en faire du tabac à fumer ou du tabac à priser.—La *molène*, dont une espèce (le *bouillon blanc*) est à fleurs jaunes, adoucissantes et pectorales. —

La *jusquiame*, autre plante médicinale.—La *belladone*,
dont les fruits, semblables à des cerises, sont un poison
violent ; l'espèce de ce genre la plus redoutable par ses
qualités délétères porte le nom de *mandragore*. — Le
coqueret ou *alkekenge*, dont le fruit est une baie rouge
ou jaune, de la grosseur d'une petite cerise, et renfermée
dans le calice qui s'est accru et renflé en vessie pendant
la maturation ; cette baie est aigrelette, d'un goût assez
agréable et n'est nullement vénéneuse. — Le *datura* ou
la *stramoine*, remarquable par la grandeur de ses fleurs,
dont la corolle est en entonnoir et à limbe plissé. — Le
piment, dont le fruit rouge s'emploie comme assaisonnement dans quelques pays, particulièrement en Espagne.

Famille des borraginées.

Les BORRAGINÉES sont des plantes pour la plupart herbacées, quelquefois ligneuses, à feuilles alternes ordinairement couvertes de poils rudes, ainsi que les tiges, qui
sont cylindriques. Leurs fleurs forment des épis unilaté-
raux, roulés en crosse à leur sommet : elles ont toutes
leurs parties au nombre de cinq, à l'exception de l'ovaire,
qui est libre, et partagé visiblement, comme celui des
labiées, en quatre lobes, du milieu desquels s'élève un
style terminé par un stigmate simple ou bilobé (fig. 61
et 62). Le fruit est formé de quatre akènes, réunis au

fond du calice persistant. La corolle est monopétale, régulière, rosacée ou infundibuliforme, et sa gorge est nue ou fermée par cinq appendices saillants.

Les principaux genres sont : parmi les plantes médicinales, la *bourrache* aux fleurs étoilées, bleues ou violettes ; la *consoude*, aux corolles infundibuliformes et aux feuilles lancéolées ; la *buglosse*, dont les corolles sont bleues et hypocratériformes ; la *pulmonaire*, dont les bouquets de fleurs bleues et les feuilles glauques, maculées de blanc, sont d'un bel effet dans les bois et les parcs ombragés. Parmi les plantes d'ornement : la *vipérine*, à corolle infundibuliforme irrégulière, dont plusieurs espèces exotiques sont cultivées dans nos jardins ; la vipérine commune est une espèce fort répandue dans nos climats, dont la tige droite, tout hérissée de poils rudes, porte de beaux épis de fleurs bleues.—Le *myosotis*, à petites fleurs, d'un bleu d'azur, d'un aspect si agréable, que, dans le langage vulgaire, on l'a désigné par ces mots : *plus je vous vois, plus je vous aime*, ou par ceux-ci : *ne m'oubliez pas.* — L'*héliotrope*, ainsi nommé, parce que ses fleurs se tournent toujours du côté du soleil. On cultive celui du Pérou, à cause du parfum que répandent ses fleurs.

97. Près des borraginées se placent les convolvulacées, famille qui tire son nom du principal genre, le *convolvulus* ou *liseron*. Les liserons sont des plantes herbacées, à tige grimpante et à feuilles alternes, dont les fleurs sont

régulières et en cloche. La corolle est à cinq lobes plissés,
l'ovaire est simple et libre, à un ou deux styles ; le fruit
est une capsule à une ou plusieurs loges. La plupart de
ces plantes fournissent un suc laiteux, âcre et purgatif,
abondant surtout dans la racine, qui est souvent tubéreuse et charnue. Nous citerons parmi les espèces remarquables du genre liseron : le *liseron des champs* et
celui des haies ; le *liseron tricolore* ou la *belle du jour ;*
le *jalap*, dont la racine est usitée en médecine comme
purgatif ; la *patate*, plante potagère, dont les racines
tubéreuses et charnues fournissent un aliment aux peuples qui habitent entre les tropiques. On rapporte à la
même famille le genre *cuscute,* qui comprend des plantes
parasites d'un aspect singulier : elles ont des tiges grêles,
filiformes, rouges ou blanches, entièrement dépourvues
de feuilles ; elles s'enlacent autour des herbes voisines
sur lesquelles elles se cramponnent au moyen de petits
suçoirs ; elles vivent à leurs dépens et ne tardent point
à les faire périr. Elles viennent assez communément sur
le thym, la bruyère, le chanvre, le lin et la luzerne, et
se répandent sur de grands espaces avec une effrayante
rapidité. Les POLÉMONIACÉES forment une petite famille
voisine des convolvulacées, dont elles diffèrent par la
structure et le mode de déhiscence de leurs capsules. Ce
sont des végétaux herbacés ou ligneux, à tige droite ou
grimpante, à feuilles alternes ou opposées. On y rapporte
plusieurs plantes qui servent à l'ornement des jardins :

la *polémoine bleue*. — Le *phlox* à fleurs régulières blanches ou violettes, dont les corolles se composent d'un tube droit, plus ou moins long, terminé par un limbe plane. — Le *cobea grimpant*, que l'on cultive partout dans les villes, pour couvrir les berceaux ou décorer les murs et les fenêtres, tant à cause de la rapidité de sa croissance que de la beauté de ses fleurs, qui changent successivement de couleur depuis le rouge-brun, jusqu'au violet intense.

Famille des campanulacées.

98. Cette famille fait partie de la classe des monopétales à étamines périgynes. Elle se compose de plantes herbacées, à suc blanc et amer, à feuilles alternes et entières ; à fleurs régulières, ayant un calice adhérent à l'ovaire, à divisions persistantes, une corolle monopétale à cinq lobes, en cloche, et marcescente ; cinq étamines alternes avec les lobes de la corolle, et dont les filets s'élargissent quelquefois vers la base ; un ovaire infère ou semi-infère, à deux ou plusieurs loges polyspermes ; un style simple, surmonté d'un stigmate à plusieurs lobes. Le fruit est une capsule couronnée par les débris du calice persistant, à deux ou un plus grand nombre de loges, et s'ouvrant vers la partie supérieure par le moyen de trous ou par des valves qui entraînent avec elles une partie des cloisons. Les graines nombreuses et très pe-

tites contiennent un embryon dressé, au milieu d'un périsperme charnu. Les campanulacées ne sont guère employées qu'à l'ornement des jardins, où quelques-unes étalent les plus vives couleurs. Le type de cette famille est le genre *campanule*, dont on cultive un grand nombre d'espèces, parmi lesquelles est la *raiponce*, plante potagère, dont on mange la racine en salade.

A côté des campanulacées vient se placer la famille des ÉRICINÉES, qui renferme des arbrisseaux ou arbustes à feuilles toujours simples, persistantes, alternes et presque imbriquées, à corolle marcescente de quatre à cinq lobes, et dont les étamines sont en nombre double. Ces plantes sont d'une forme élégante et d'un aspect agréable. Nous citerons entre autres genres : les *bruyères*, dont il existe plusieurs espèces (bruyère en arbre, bruyère à balais, bruyère cendrée, à fleurs purpurines); les *arbousiers*, à fruits rouges, charnus, de la grosseur d'une cerise; l'*épacride*, l'*airelle*, les *azalées;* les *rosages* ou rhododendrum, arbrisseaux à fleurs rouges ou jaunes, grandes et disposées en bouquets à l'extrémité des rameaux. Ces fleurs ont une corolle en cloche, à cinq lobes profonds, et dix étamines qui se portent toutes vers la partie inférieure. Ces arbrisseaux font l'ornement des régions élevées des Alpes et des Pyrénées.

Famille des synanthérées.

99. La famille des SYNANTHÉRÉES ou des COMPOSÉES appartient à la classe des monopétales à étamines épigynes et à anthères réunies. Elle comprend des plantes herbacées ou ligneuses, à feuilles le plus souvent alternes, et à fleurs agrégées d'une manière si intime que leur assemblage paraît ne former qu'une seule fleur. Ces fleurs sont très petites, réunies en tête et serrées étroitement sur un réceptacle commun, qu'entoure un involucre de plusieurs folioles. Chacune d'elles en particulier offre un calice adhérent à l'ovaire, dont le limbe, rarement nul, se présente sous la forme de dents ou d'une aigrette qui couronne la graine (fig. 65); une corolle monopétale, insérée au sommet de l'ovaire, tantôt régulière, tubuleuse et à cinq dents (*fleuron*) (fig. 65); tantôt irrégulière et déjetée en languette d'un seul côté (*demi-fleuron* (fig. 68); 63 cinq étamines alternes avec les lobes de la corolle, et dont les anthères sont réunies en un tube qui donne passage au pistil; un ovaire monosperme, surmonté d'un style à deux stigmates; par avortement les fleurs peuvent être mâles, femelles ou neutres. Le fruit est un akène nu ou couronné d'une aigrette; la graine est sans périsperme. Sur le réceptacle on trouve fréquemment à la base de chaque fleur de petites écailles ou des poils plus ou moins nombreux. Cette famille se partage na-

turellement en trois tribus principales de la manière suivante :

100. 1ʳᵉ tribu. LES SEMI-FLOSCULEUSES OU CHICORACÉES. Fleurs toutes en languette et hermaphrodites (fig. 63), aigrette nulle ou simple, ou plumeuse ou écailleuse. Réceptacle nu, ou garni de poils ou de paillettes.

PRINCIPAUX GENRES : la *chicorée,* plante potagère, dont les fleurs sont d'un bleu clair ou blanches (chicorée sauvage, chicorée frisée, etc.). La *laitue*, plante potagère à fleurs jaunes ou bleues (escarolle, romaine, laitue pommée, crépue). — Le *salsifis*, plante potagère. — Le *pissenlit.*

2ᵉ tribu. LES FLOSCULEUSES (CARDUACÉES OU CINAROCÉPHALES). Fleurs toutes tubuleuses, réceptacle charnu, presque toujours garni de paillettes, stigmate articulé au sommet du style; feuilles souvent roncineuses, épineuses et décurrentes (fig. 66).

PRINCIPAUX GENRES : le *chardon*, à involucre composé d'écailles imbriquées et épineuses. — L'*artichaut* ou *cinare*, dont on recueille les capitules ou têtes avant l'épanouissement des fleurs, et dont on mange le réceptacle et la base des feuilles : ce réceptacle est garni de soies simples; une espèce de ce genre est le *cardon*, que l'on cultive aussi dans les jardins, et dont on mange les pétioles et les côtes ou nervures médianes des feuilles. — Le *carthame* des teinturiers, dont les fleurs fournissent deux principes colorants, l'un rouge et l'autre jaune. — La *bardane*, plante médicinale. — L'*échinops* ou la *boulette*, à fleurs réunies en tête sphérique et munies chacune d'un involucre particulier. — La *centaurée*, dont les fleurons extérieurs sont stériles et plus grands que ceux du centre : le chardon béni, le bluet des champs appartiennent à ce genre. Et enfin quelques genres, qui semblent former le passage à ceux de la troisième tribu : la *tanaisie*, plante médicinale à fleurs jaunes, disposées en corymbe, les fleurons du centre hermaphrodites à cinq lobes, ceux de la circonférence femelles et à trois lobes. — L'*armoise*, dont les fleurons sont pareillement polygames et à laquelle appartiennent, comme espèces, l'estragon, l'absinthe, la citronelle. — Les *gnaphalium*, dont les involucres colorés et persistants leur ont valu le nom générique d'*immortelles*. — Le *tussilage*, dont les fleurs sont tantôt flosculeuses et tantôt radiées, comme dans la tribu suivante.

3e tribu. Les ʀᴀᴅɪᴇ́ᴇs : capitules composés de fleurons au centre et de demi-fleurons à la circonférence. Les demi-fleurons sont ordinairement femelles ou neutres, le réceptacle est peu ou point charnu, le stigmate n'est point articulé sur le style ; les capitules sont fréquemment disposés en corymbes.

Pʀɪɴᴄɪᴘᴀᴜx ɢᴇɴʀᴇs : la *pâquerette* ou la petite marguerite, dont on cultive les variétés à fleurs doubles. — Le *chrysanthème* ou la grande marguerite. — Le *souci*, qui a les fleurons mâles et stériles, et les demi-fleurons femelles et fertiles, couleur d'un jaune-orangé vif. — Le *tagétés* ou *œillet d'Inde*. — Les *doronics*, aux longs rayons jaunes.— Les *asters*, parmi lesquels on distingue la *reine-Marguerite*, originaire de la Chine, et dont les nombreuses variétés font l'ornement de nos jardins, depuis le milieu de l'été jusqu'aux premières gelées. — Les *dahlias* du Mexique, remarquables par leurs brillantes couleurs, et qui se propagent aisément par leurs racines tuberculeuses. — Le *zinnia* élégant du même pays, à rayons d'un rose pourpré, et dont le disque est conique et d'un pourpre obscur. — Les *coréopsis* aux fleurs brillantes, noires au centre, et jaunes à la circonférence. — Les *hélianthes*, dont les espèces les plus remarquables sont le *tournesol* ou *grand soleil des jardins*, remarquable par la grandeur de ses capitules, et le *topinambour*, dont la racine fournit des tubercules charnus, rougeâtres extérieurement, qui sont un aliment pour l'homme et les animaux domestiques. — Le *seneçon*. — La *verge d'or*. — La *camomille* et la *millefeuille*, plantes médicinales.

Après les synanthérées, vient la famille des DIPSACÉES, qui a pour types le *dipsacus* ou chardon à foulon, et la *scabieuse* des jardins. Ces plantes se rapprochent beaucoup des composées par le port; leurs fleurs sont, en effet, réunies en tête ou capitule sur un réceptacle commun garni d'écailles, et entourées d'un involucre commun; mais chacune d'elles a son petit involucre particulier, et ses étamines ont leurs anthères écartées et distinctes. A raison de cette circonstance, les dispacées sont rangées dans une autre classe : celle des monopétales à étamines épigynes et à anthères distinctes. Les capitules du chardon à foulon sont employés, lorsqu'ils sont mûrs et secs, par les bonnetiers et les fabricants d'étoffes de laine, pour peigner leurs tissus et en tirer les poils. Le dipsacus des bois est remarquable par sa tige cannelée, de trois à quatre pieds, portant des feuilles connées, dont les bases réunies forment un godet qui contient souvent deux ou trois onces d'eau.

Famille des rubiacées.

102. La famille des RUBIACÉES appartient à la même classe que celle des dipsacées. Elle comprend des plantes herbacées, des arbustes et des arbres (surtout dans les genres exotiques, qui sont très nombreux), à feuilles entières, verticillées ou opposées avec stipules; à fleurs composées d'un calice adhérent à l'ovaire, dont le limbe est entier ou denté, d'une corolle régulière à quatre ou cinq lobes, insérée sur l'ovaire, d'étamines en même nombre et alternes avec ces lobes, d'un ovaire à deux loges surmonté d'un style à deux stigmates, ou bien d'un ovaire à un grand nombre de loges, contenant chacune un ou plusieurs ovules. Le fruit, couronné par le limbe du calice persistant, est tantôt formé de deux pe-

tites coques accolées, tantôt c'est une capsule ou une baie ; les graines sont pourvues d'un périsperme corné, très volumineux.

Les principaux genres de cette famille sont : le *rubia tinctorum* ou la *garance*, dont la racine fournit une couleur rouge à l'art de la teinture. Le *caille-lait*, à feuilles linéaires et verticillées, et à fleurs blanches ou jaunes, offrant une corolle rosacée à quatre lobes aigus. — Le *cafier* ou *café d'Arabie*, dont le fruit est une baie de la grosseur et de la couleur d'une petite merise, contenant deux graines planes et sillonnées d'un côté, convexes de l'autre. Ces graines, qui constituent le café du commerce, sont formées par un périsperme corné très volumineux entourant un petit embryon. — Les *cinchona* du Pérou, dont l'écorce fournit le quinquina, que l'on emploie en médecine comme fébrifuge. — Les *ipécacuanha*, dont les racines fournissent la poudre de ce nom, que l'on emploie comme émétique.

103. A côté des rubiacées se place la famille des CHÈVRE-FEUILLES, qui renferme des arbrisseaux à feuilles opposées sans stipules et à fleurs en corymbe, entre autres : le *chèvre-feuille des jardins*, qui a une corolle tubuleuse, à cinq divisions un peu inégales, cinq étamines, et un stigmate globuleux ; les *viornes*, parmi lesquelles on distingue le *laurier-tin* et la *boule de neige* ; le *sureau*, le *lierre* et le *cornouiller*. Après les chèvre-feuilles viennent les VALÉRIANÉES, qui forment une famille de

plantes herbacées à feuilles opposées, et à fleurs plus ou moins irrégulières, parmi lesquelles nous citerons la *valériane officinale*, la *valériane rouge*, plante d'ornement à une seule étamine, et la *mâche* ou *doucette*, plante potagère.

Famille des ombellifères.

140. La famille des ombellifères fait partie de la classe *47.* des dicotylédones polypétales à étamines épigynes. Elle se compose de plantes herbacées à tige fistuleuse, à feuilles alternes engaînantes, ordinairement découpées ou décomposées en folioles ; à fleurs disposées en ombelles simples ou composées ; à la base de ces assemblages de fleurs, se trouvent souvent plusieurs petites folioles formant une collerette que l'on nomme *involucre* ou *involucelle,* selon qu'elles entourent la base des ombelles, ou celle des ombellules. Chaque fleur se compose d'un calice adhérent avec l'ovaire, et dont le limbe est entier ou à cinq dents ; d'une corolle de cinq pétales insérés sur l'ovaire, de cinq étamines épigynes alternes avec les pétales; d'un ovaire à deux loges renfermant chacune un seul ovule pendant, et de deux styles persistants et divergents. Cet ovaire est surmonté d'un disque formant deux mamelons qui se confondent avec la base des deux styles (fig. 67); le fruit est composé de deux akènes, qui se séparent de bas en haut, lors de la maturité

(fig. 68). Chaque akène présente deux faces, l'une plane ou concave, l'autre convexe, qui est le dos de l'akène. La face dorsale est marquée de cinq côtes plus ou moins prononcées et séparées par des sillons, dans lesquelles il existe souvent quatre autres côtes secondaires. En outre, on aperçoit encore dans le fond de ces sillons des bandelettes colorées dont le nombre varie d'un genre à l'autre. C'est sur ces caractères que l'on a établi la distinction des genres nombreux dont se compose la famille des ombellifères.

Parmi ces genres, nous citerons les principaux : le *boucage*, dont une espèce est l'*anis*, plante médicinale et économique. — Le *fenouil*, le *coriandre*, dont les graines aromatiques sont employées dans la cuisine. — L'*ache*, dont les espèces les plus connues sont le *persil* et le *céleri*. — Le *cerfeuil*, dont les feuilles servent d'assaisonnement. — La *grande ciguë*, la *petite ciguë* et la *ciguë vireuse*, plantes remarquables par leur suc vénéneux. La petite ciguë ressemble beaucoup au persil, mais on les distingue en ce que celui-ci a des fleurs d'un jaune verdâtre, une tige cannelée et une odeur aromatique, tandis que la petite ciguë a les fleurs blanches, la tige lisse et une odeur vireuse et nauséabonde. — Le *panais* et la *carotte*, dont les racines succulentes servent d'aliment et d'assaisonnement. — L'*angélique*, dont les tiges blanchies et confites au sucre forment une conserve d'un goût agréable. — La *férule* et la *livèche* officinales. — La *grande berle*, dont les feuilles se trouvent souvent mêlées avec le cresson de fontaine dans les salades. — Enfin le *buplèvre* et le *panicaut*, dont on cultive quelques espèces comme plantes d'ornement.

Famille des renonculacées.

105. La famille des RENONCULACÉES appartient, ainsi que les quatre suivantes, à la classe des dicotylédones polypétales à étamines hypogynes. Cette grande famille, presque entièrement européenne, se compose d'arbustes ou de plantes herbacées, à feuilles alternes (excepté le seul genre clématite, où elles sont opposées), souvent découpées et embrassantes à leurs bases. Les fleurs offrent un calice à plusieurs folioles, souvent colorées; une corolle de plusieurs pétales, tantôt planes et réguliers, tantôt difformes et creusés en cornet; des étamines en grand nombre, insérées sur le réceptacle; plusieurs ovaires, surmontés chacun d'un style ordinairement latéral et d'un stigmate simple, réunis en tête et quelquefois plus ou moins intimement soudés. Le fruit est multiple; il se compose de plusieurs capsules monospermes et indéhiscentes, ou polyspermes et s'ouvrant par leurs bords internes. Toutes les renonculacées sont âcres et caustiques; quelques-unes même sont de véritables poisons.

106. Cette famille renferme une multitude de genres intéressants. Parmi les plantes d'ornement, on distingue : Les *clématites*, arbustes sarmenteux, à feuilles opposées et à la fleur munie d'un calice sans corolle. — Les *anémones*, plantes herbacées, ayant un calice coloré, de cinq à quinze sépales, point de corolle ; des capsules terminées par une pointe et un involucre de trois feuilles placé à quelque distance de la fleur.—Les *adonis*, plantes herbacées, munies d'un calice et d'une corolle, à feuilles finement découpées et à fleurs ordinairement solitaires, jaunes ou rouges ; les fruits sont des akènes terminés par une sorte de petit crochet à leur sommet. — Les *renoncules* à fleurs jaunes ou blanches, ayant un calice de cinq sépales caducs, une corolle de cinq pétales réguliers, et munis d'une petite écaille à leur base interne. On en cultive dans nos jardins une belle variété à fleurs doubles, sous le nom de *bouton d'or*. — Les *nigelles*, plantes herbacées, annuelles, à feuilles extrèmement découpées, et à fleurs solitaires et terminales, ayant un calice à cinq sépales colorés et caducs, des pétales bilabiés et des capsules à graines noires et aromatiques. — Les *ancolies*, plantes herbacées : fleur munie d'un calice à cinq sépales colorés, et d'une corolle à cinq pétales en forme de cornet tronqués obliquement et éperonnés à la base. — Les *dauphinelles* ou *pieds d'allouette*, dont les fleurs ordinairement bleues, en grappes terminales, offrent un calice coloré, formé de cinq sépales

inégaux, dont le supérieur est prolongé à sa base en un éperon, et une corolle de quatre pétales, dont les deux supérieurs, prolongés en éperon, sont recouverts par celui du calice. — Les *aconits*, plantes vénéneuses à fleurs violettes ou jaunes, disposées en épis ou en panicules : calice à cinq sépales inégaux, dont l'un supérieur est plus grand et en forme de casque; corolle à cinq pétales, dont deux supérieurs en forme de capuchon et longuement pédicellés, sont renfermés dans l'intérieur du sépale supérieur. — Les *pivoines*, plantes herbacées vivaces ou sous-arbrisseaux, à grandes fleurs rouges ou blanches, doublant facilement par la culture : calice à cinq sépales inégaux et concaves; cinq pétales ou plus, arrondis au sommet; trois à cinq ovaires à stigmate sessile, entourés d'un disque charnu. La pivoine en arbre de la Chine, à fleurs blanches, d'une odeur analogue à celle de la rose, est une des plus belles plantes dont se sont enrichis nos jardins vers la fin du siècle dernier.

Parmi les plantes médicinales, on distingue l'*ellébore*, si fameux chez les anciens, et si vanté dans le traitement des maladies mentales.

107. Près des renonculacées viennent se ranger les *magnoliers*, arbres de la Caroline, remarquables par l'élégance de leur feuillage, la grandeur et le parfum délicieux de leurs fleurs; les *tulipiers* de Virginie, devenus communs dans nos jardins, remarquables par leurs feuilles découpées en lyre et par leurs fleurs, dont

l'aspect rappelle assez bien celle des tulipes ; et les *ano-nes* ou *corossoliers* du Pérou, dont les fruits, de la grosseur d'une pomme, ont la saveur de l'ananas.

Les *nymphœa* ou *nénuphars* ont aussi beaucoup de rapport avec les renonculacées, d'une part, et avec les papavéracées, d'une autre. Ce sont des herbes aquatiques, à fleurs blanches ou jaunes, dont le calice est coloré à l'intérieur, et dont les pétales sont nombreux et disposés sur plusieurs rangs. Les étamines, pareillement en grand nombre, ont des filets planes.

Famille des papavéracées.

108. La famille des PAPAVÉRACÉES est composée de plantes herbacées, à feuilles alternes, contenant un suc propre, laiteux, blanc ou jaunâtre. Leurs fleurs ont un calice à deux sépales concaves et caducs, une corolle de quatre pétales, plissés et comme chiffonnés avant leur épanouissement ; des étamines nombreuses et hypogynes, un ovaire libre et simple à une seule loge, divisée par des placentas pariétaux en forme de demi-cloisons ; un stig-mate presque sessile, en forme de disque rayonné. Le fruit est une capsule à une loge, renfermant un grand nombre de graines et s'ouvrant ou par la séparation des valves ou par de simples trous au-dessous du stigmate. Ces graines ont un embryon très petit, cylindrique, à

Fig. 69.

Fig. 70.

Fig. 71.

Fig. 72.

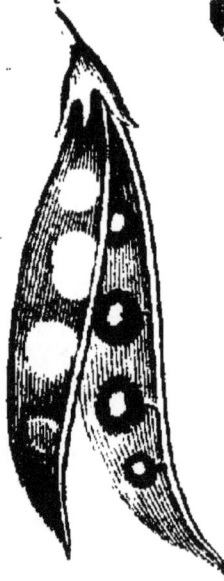

Fig. 74.

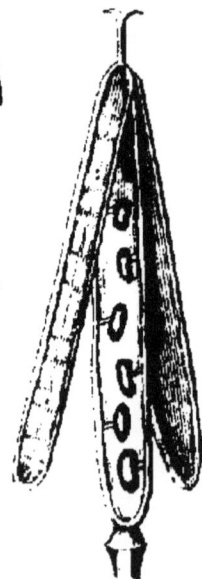

Fig. 73.

Fig. 75.

Fig. 76.

cotylédons planes, entouré d'un périsperme charnu et
oléagineux.

Les principaux genres sont : les *pavots*, auxquels le
coquelicot des champs appartient comme espèce, et
parmi lesquels on doit distinguer le pavot d'orient ou
somnifère, dont le suc fournit l'opium, et dont les graines
contiennent une huile connue sous le nom d'*œillette*. Ses
fleurs sont grandes, blanches ou purpurines, avec une
tache brune à base. On le cultive aussi comme plante
d'ornement. — La *chélidoine*, à fleurs jaunes en croix,
dont le suc est jaune de safran et caustique, et dont la
capsule est en forme de silique. — La *fumeterre*, plante
médicinale et d'ornement, dont la corolle est irrégulière,
bilabiée et éperonnée; les étamines sont au nombre de
six et disposées en deux faisceaux. Ses fleurs sont petites,
jaunes ou rougeâtres et disposées en épis.

Famille des crucifères.

109. La famille des CRUCIFÈRES, composée de plantes
herbacées croissant pour la plupart en Europe, a pour
caractères un calice de quatre sépales caducs, une corolle de quatre pétales onguiculés, opposés en croix
(fig. 75, pl. 8); six étamines hypogynes et tétradynames,
c'est-à-dire dont quatre plus grandes que les deux autres
(fig. 76); un ovaire simple, libre, se changeant en une
silique (fig. 74). A la base des étamines et sur le récep-

tacle, on voit quatre glandes, dont une entre chaque paire de grandes étamines, et une plus grande sous chaque petite étamine. Cette famille est l'une des plus naturelles du règne végétal, et l'une de celles dont nous retirons le plus d'aliments sains et nourrissants ; les graines des crucifères contiennent en outre une quantité plus ou moins considérable d'huile grasse, que l'on peut obtenir par le moyen de la pression.

Les principaux genres de cette famille sont : Parmi les plantes d'ornements, les *giroflées*. — Les *juliennes* à fleurs blanches ou couleur de lilas.—L'*alysson* (ou corbeille d'or), propre à garnir des vases. — Les *ibérides* (thlaspi, téraspic des jardiniers), dont les fleurs blanches sont pareillement réunies en touffes d'un effet agréable. — Parmi les plantes potagères : les *choux*, dont les différentes espèces sont bien connues par leurs usages, savoir : le navet, dont on mange la racine ; la navette et le colza, dont les graines fournissent une huile grasse ; le chou commun, dont on mange les feuilles ; le chou-rave dont la tige forme au-dessus du collet une tête ou un tubercule charnu ; la rave proprement dite, qu'il ne faut pas comprendre avec l'espèce précédente, et qui est caractérisée par sa racine tubéreuse, c'est-à-dire par un tubercule ou renflement charnu formé au-dessous du collet ; le chou-fleur, qui n'est qu'une réunion de pédoncules chargés de fleurs avortées, lesquels se sont entregreffés et sont devenus charnus. — Le *raifort*, dont les racines nous donnent le radis et la petite rave — Le *sysimbre* ou cresson de fontaine. — La *cardamine* ou cresson des prés. — Parmi les plantes médicinales : le *cochléaria*, dont les feuilles ont une saveur âcre et amère. — Parmi les plantes économiques : la *moutarde* ou le *senevé*, dont les graines forment la base de l'assaisonnement connu sous le même nom ; le *pastel* ou la guède, dont les feuilles fournissent une matière colorante bleue, presque absolument identique avec l'indigo.

110. A la suite des crucifères se range une petite famille, qui a de grands rapports avec elles, et qui renferme deux genres de plantes utiles : les *câpriers,* dont les boutons à fleurs, confits dans le vinaigre, sont connus sous le nom de *câpres*, et s'emploient comme assaisonnement, et les *résédas,* dont les espèces les plus remarquables sont le réséda odorant, que l'on cultive dans les jardins à cause de l'odeur suave qu'il répand, et le réséda jaune ou la gaude que l'on emploie pour teindre en jaune.

Entre les crucifères et les malvacées se placent plusieurs genres importants, qui sont devenus les types d'autant de petites familles : nous allons les passer rapidement en revue.

Les *érables* sont des arbres à feuilles opposées et simples, et à fleurs polygames, disposées en grappes ou en cimes terminales. Leur fruit est formé de deux capsules comprimées et munies d'ailes membraneuses. On distingue comme espèces : l'érable jaspé, l'érable à feuilles de frêne, l'érable plane, l'érable sycomore, l'érable à sucre.—Les *marronniers d'Inde* sont des arbres à feuilles opposées et palmées, et à fleurs hermaphrodites disposées en grappes dressées et pyramidales. Remarquables par leur port et la beauté de leurs fleurs, ils font l'ornement de nos jardins et de nos promenades. — Les *millepertuis* sont des plantes herbacées ou sous-arbrisseaux à feuilles opposées, simples et marquées de points translucides ; à fleurs jaunes, dont les étamines sont polyadelphes ou réunies en plusieurs faisceaux par la base de leurs filets.

Les *orangers* sont des arbres ou arbrisseaux élégants, originaires des pays chauds, dont les feuilles sont alternes, d'un beau vert et munies de petites glandes transparentes, dont les fleurs sont odorantes et ont des étamines nombreuses polyadelphes, et dont le fruit est pulpeux et se sépare en autant de parties qu'il y avait de loges à l'ovaire. Sous le nom général d'oranger, on comprend comme espèces tous ces arbres odoriférants, que l'on appelle communément orangers, limoniers ou citronniers, cédratiers, pampelmousiers, etc. — L'*arbre à thé*, originaire des contrées orientales de l'Asie, et qui croît naturellement en Chine et au Japon, est un arbrisseau toujours vert, dont les feuilles sont alternes et simples, les fleurs axillaires ou situées à l'aisselle des feuilles, et dont le fruit est une capsule à plusieurs loges. Le thé n'est autre chose qu'une préparation des feuilles de cet arbre, que l'on a desséchées, roulées et aromatisées avec différentes plantes odoriférantes. — Le *camellia* du Japon, autre arbrisseau toujours vert, qui décore aujour d'hui nos jardins et nos salons, est remarquable par de grandes fleurs d'un rouge éclatant, quelquefois blanches ou panachées, qui doublent avec facilité et rivalisent en quelque sorte avec nos belles espèces de roses. Ces fleurs, lorsqu'elles sont simples, présentent un calice à cinq divisions profondes, environné d'écailles imbriquées, une corolle de cinq pétales, et des étamines nombreuses, dont les filets sont soudés par leur base.

Les *vignes* sont des arbustes sarmenteux et grimpants, ayant les feuilles stipulées, alternes et opposées aux pédoncules, qui se changent quelquefois en vrilles. Leurs fleurs sont disposées en grappes; elles ont un calice très court, une corolle de quatre à cinq pétales, souvent adhérents par le sommet, cinq étamines opposées aux pétales, un ovaire libre. Le fruit, que l'on nomme *raisin*, est une baie à une loge, renfermant de une à cinq graines osseuses. La vigne est originaire d'Asie; le suc que l'on extrait par expression des raisins mûrs porte le nom de *moût*. Il fournit le *vin* lorsqu'on le laisse fermenter jusqu'à un certain point, où sa saveur sucrée se fait encore reconnaître; il donne le *vinaigre* quand cette saveur est devenue très acide. Par la distillation du vin, on obtient une liqueur spiritueuse, que l'on appelle, *eau-*

de-vie quand elle est faible, et ***esprit de vin*** ou *alcool* lorsque, par des distillations successives, elle est devenue plus inflammable, plus légère et plus forte.

22. Les *géraniums* sont des plantes d'ornement, dont les fleurs à corolle régulière de cinq pétales contiennent dix étamines monadelphes par leur base, et un ovaire à cinq loges, surmonté d'un style allongé que terminent cinq stigmates. Leur fruit se compose de cinq coques monospermes, attachées à un axe central et persistant, par de longues arètes, qui se détachent avec force, en se roulant de la base vers le sommet, lors de la maturité, et lancent au loin la graine qu'elles supportent. On rapproche des géraniums : la *capucine*, dont les fleurs, d'un rouge de feu éclatant, ont un calice irrégulier, éperonné à sa base ; une corolle de cinq pétales inégaux, dont trois sont ciliés sur les bords ; huit étamines libres et un ovaire à trois loges ; on sait que les boutons et les jeunes fruits de la capucine se confisent comme des câpres, et que ses fleurs servent à orner les salades. — La *balsamine*, plante d'ornement à fleur irrégulière, dont le calice est à deux folioles et la corolle de quatre pétales inégaux, dont un prolongé en éperon. Elle a cinq étamines, soudées par les anthères, un ovaire libre, point de style ; le fruit est une capsule à cinq valves, qui s'ouvrent avec élasticité en se roulant en dedans.

Famille des malvacées. *16.*

111. La famille des **malvacées** renferme des plantes herbacées ou ligneuses; à feuilles alternes ou stipulées. Leurs fleurs ont un calice ordinairement double, l'intérieur monosépale à trois ou cinq divisions, l'extérieur polysépale et composé d'un nombre variable de folioles ; la corolle est formée généralement de cinq pétales hypogynes, libres ou soudés à leur base et roulés en spirale avant leur développement; les anthères sont réniformes et à une seule loge; les étamines sont nombreuses, monadelphes, réunies en une espèce de colonne. L'ovaire est libre, à plusieurs styles ou stigmates, et le fruit se compose de plusieurs coques réunies en forme d'anneau. Les graines, dont le tégument est quelquefois chargé de poils cotonneux, se composent d'un embryon droit, sans périsperme, à cotylédons foliacés et repliés sur eux-mêmes.

Les principaux genres de cette famille sont : les *mauves* et les *guimauves*, plantes médicinales, dont on extrait un sucre mucilagineux doué de propriétés émollientes. Ces deux genres diffèrent par le nombre des divisions du calice extérieur, qui est de trois pour le premier, de cinq à neuf pour le second. Une des espèces de guimauve est la *rose trémière* de nos jardins. — Parmi les arbres exotiques de la même famille, le *coton-*

nier, que l'on cultive dans les Deux-Indes et en Afrique, et dont les graines sont enveloppées d'un duvet précieux, qui fournit le coton. — Le *cacaoier*, qui est originaire du Nouveau-Monde, et dont le fruit porte le nom de *cacao*. C'est une capsule ovoïde, terminée en pointe à son sommet, et longue de six à huit pouces. Les graines sont de la grosseur d'une petite fève. C'est d'elles que l'on tire l'huile grasse et solide, appelée *beurre de cacao*, et c'est avec leur substance finement broyée que l'on fabrique le chocolat. — Le *baobab* du Sénégal, le plus grand et le plus gros des arbres connus. Son tronc a quelquefois soixante à quatre-vingts pieds de circonférence.

112. Près de la famille des malvacées viennent se placer plusieurs genres importants, qui sont devenus les types d'autant de petites familles : les *tilleuls*, qui sont des arbres à feuilles simples et stipulées, à fleurs pourvues de nombreuses étamines libres, et ayant leurs pédoncules soudés avec la bractée qui les accompagne. On fait en médecine des infusions avec les fleurs du tilleul, et l'on fabrique des toiles et des cordages avec les fibres de son écorce, qui sont remarquables par leur souplesse et leur ténacité. — Les *cistes*, qui sont des arbustes remarquables par la beauté de leurs fleurs à corolle rosacée et à étamines nombreuses hypogynes. — Les *violettes*, dont la corolle est irrégulière et dont les étamines sont soudées par les anthères. Les principales espèces

de ce genre sont : la violette odorante et la violette tricolore, connue vulgairement sous le nom de *pensée*.

Famille des caryophyllées. **12**

113. La famille des CARYOPHYLLÉES se compose de
plantes herbacées, à tiges cylindriques noueuses et
articulées, à feuilles simples, opposées et connées à la .
base. Les fleurs offrent un calice tantôt monosépale,
tubuleux et simplement denté à son sommet, tantôt
polysépale et le plus souvent de cinq folioles étalées. La
corolle est à cinq pétales à longs onglets, et à limbe ordinairement étalé; les étamines sont communément au
nombre de dix, dont cinq sont unies aux pétales, et les
cinq autres libres et alternes avec eux. L'ovaire est libre, à une ou plusieurs loges, surmonté de deux à cinq
styles ou stigmates filiformes (fig. 73). Il est porté sur
un disque hypogyne. Le fruit est une capsule à une ou
plusieurs loges polyspermes, s'ouvrant au sommet. Les
graines sont attachées à un placenta central : elles contiennent un embryon recourbé autour d'un périsperme
farineux.

Les genres principaux sont : parmi les plantes d'ornement, les *œillets*, dont les espèces les plus remarquables sont l'œillet des fleuristes, l'œillet de poëte,
l'œillet d'Espagne, etc. — Les *lychnis*, parmi lesquels
la *croix de Jérusalem*, dont les fleurs sont d'un rouge
éclatant; le *lychnis dioïque*, à fleurs blanches et uni-

sexuelles. — La *coquelourde des jardins*. — Parmi les plantes médicinales, la *saponaire* ; parmi les plantes communes de nos champs, la *morgeline* ou le mouron blanc des petits oiseaux ; la *nielle des blés*, à fleurs d'un rouge vineux, dont le calice est à cinq lanières, qui se prolongent de manière à dépasser les pétales.

15. 114. Le *lin* constitue un genre extrêmement voisin de la famille précédente, et remarquable par la symétrie de ses fleurs, dont toutes les parties marchent par cinq ou par dix : calice à cinq folioles, corolle de cinq pétales, dix étamines dont cinq stériles ; cinq styles ; capsule à dix loges. Ces fleurs sont d'un joli bleu dans le lin cultivé, dont les graines fournissent une huile très employée dans les arts, et une farine, qui est d'un usage fréquent en médecine. Tout le monde sait que c'est avec les fibres de la tige de cette plante, que l'on prépare le fil de lin, dont on fait des toiles.

Famille des rosacées.

30

115. La famille des ʀᴏsᴀᴄᴇ́ᴇs appartient, ainsi que la suivante, à la classe des polypétales à étamines périgynes. Cette grande famille, ainsi nommée à cause de l'analogie de la plupart des plantes qu'elle renferme avec les rosiers, se compose de végétaux herbacés et ligneux, dont les feuilles sont alternes et stipulées à la base, et qui présentent dans l'organisation de leurs fleurs ce carac-

tère général : un calice monosépale à cinq divisions, tubuleux ou étalé; une corolle de cinq pétales égaux, à
onglets courts, étalés en rose, insérés sur le calice à l'o-
rifice de son tube et alternes avec les divisions de son
limbe; étamines ordinairement nombreuses (vingt envi-
ron), placées pareillement sur le calice (fig. 69 et 70);
pistil formé d'un ou de plusieurs carpelles, libres ou
adhérents, surmontés chacun d'un style plus ou moins
latéral et d'un stigmate simple. Le fruit varie beaucoup
de forme et de consistance; les graines sont dépourvues
de périsperme.

Le pistil offre dans les divers genres des modifications qui tiennent à des phénomènes de soudure ou d'a-
vortement, ou au développement plus ou moins considérable du réceptacle. Il se compose généralement de
plusieurs carpelles, placés au fond du calice ou sur les
parois de son tube ; quelquefois celui-ci se resserre à son
orifice en forme d'urne ou de godet, de manière à ca-
cher les carpelles qui semblent former un ovaire infère.
Ces carpelles restent distincts les uns des autres sur la
paroi interne du calice, ou ils se groupent sur un réceptacle central épais et charnu, ou enfin ils se soudent entre eux et a̶ ̶ ̶ ̶ ̶ ̶ ̶ ̶ ̶ ̶ ̶ du calice, de manière à représenter encore un ovaire infère, mais en outre simple en
apparence, multiloculaire et polystyle. Enfin les carpelles
peuvent être réduits à un petit nombre, ou même à l'unité
par suite d'avortement, et, dans ce dernier cas, le pistil
et le fruit qui en résulte sont irréguliers. Ces différences

d'organisation du pistil, beaucoup plus apparentes que réelles, entrainent des variations sensibles dans le fruit des rosacées, et ces variations ont donné lieu au partage de cette famille en six tribus, auxquelles on a donné des noms particuliers, et qu'on a même considérées comme des familles différentes.

116. (1re tribu.) LES FRAGARIÉES. Calice étalé : carpelles en grand nombre, groupés sur un réceptacle commun, central, souvent épais et charnu ; les fruits sont de petits akènes ou de petites drupes réunies en tête. Principaux genres : le *fraisier*, dont les graines sont réunies sur un réceptacle pulpeux, qui forme la partie du fruit que l'on mange. — La *ronce*, dont le fruit est composé de petites drupes, serrées intimement les unes contre les autres et réunies sur un réceptacle conique : une des espèces de ce genre est le *framboisier*. — La *bénoite*, plante médicinale à fleurs jaunes, à pistils nombreux insérés sur un réceptacle arrondi et globuleux, et se changeant en akènes, terminés par de longues barbes crochues. — La *potentille* et la *tormentille*, plantes économiques à petites fleurs jaunes, qui diffèrent du fraisier, en ce que leur réceptacle ne devient point pulpeux ; la première a cinq pétales, la seconde quatre.

(2e tribu.) LES AMYGDALÉES OU DRUPACÉES. Arbres ou arbustes à feuilles simples, à fleurs blanches ou rosées, ayant un ovaire simple, libre et surmonté d'un style ; caractérisés par leur fruit, qui est une drupe charnue contenant un seul noyau, à deux graines ou à une seule par avortement. Cette structure ne diffère de celle des fragariées, que par la réduction à l'unité du nombre des carpelles. La plupart des plantes contiennent dans leurs diverses parties une quantité plus ou moins notable d'acide prussique. Principaux genres : l'*amandier* dont le fruit a la chair peu épaisse, presque sèche et recouverte d'un duvet court. — Le *prunier*, le *pêcher*, l'*abricotier*, le *cerisier*, dont les drupes sont charnues et marquées d'un sillon longitudinal, et qui diffèrent par la forme de leur noyau. Le merisier fait partie du dernier genre.

L'amandier présente deux variétés importantes à distinguer : la première a des graines douces, et elles sont amères dans la seconde. C'est des côtes de Barbarie et du midi de la France que l'on tire les amandes douces, qui figurent sur nos tables, et avec lesquelles on prépare le sirop d'orgeat ; elles renferment une huile grasse et très adoucissante. Les amandes amères contiennent de l'acide prussique, l'un des plus violents poisons qui existent dans les végétaux.

Le prunier domestique est originaire des environs de Damas. Les prunes bien mûres forment un des fruits les plus délicieux de nos climats. Séchées au soleil, après avoir été passées au four, elles forment les pruneaux, qui sont à la fois un aliment et un médicament. On voit souvent suinter du tronc et des branches des vieux pruniers une matière visqueuse, qui se durcit en se desséchant, et fournit une véritable gomme.

Le pêcher est originaire de Perse : il a le port de l'amandier, dont il ne diffère que par son fruit. On en distingue plusieurs variétés : dans l'une, la chair se détache facilement du noyau ; dans une autre, que l'on nomme *pavie*, la chair est adhérente au noyau ; dans la troisième, qui porte le nom de *brugnon*, la pellicule est lisse et non tomenteuse. Le pêcher se cultive dans les vignes ou dans les jardins, en plein vent ou en espalier.

L'abricotier est originaire de l'Arménie. On prétend qu'il est sauvage aux environs de Montferrat en Piémont. Ses amandes ont une amertume assez prononcée : on les emploie pour préparer la liqueur qu'on nomme *eau de noyau.*

Le cerisier, originaire du royaume de Pont, fut apporté à Rome par le fameux Lucullus en 680. De là il se répandit dans le reste de l'Europe. Le merisier, qui est commun dans nos bois, en est une espèce, à laquelle se rapportent les variétés connues sous le nom de *guignes* et de *bigarreaux.* C'est avec les merises noires que l'on prépare dans les Vosges et la Forêt-Noire l'eau de cerises ou le *kirschen-wasser*, qui doit sa saveur amère à l'acide prussique qu'elle renferme.

(3ᵉ Tribu.) Les ROSÉES OU ROSIERS. Calice urcéolé (c'est-à-dire tubuleux et resserré à son orifice), contenant des carpelles nombreux et distincts, attachés à sa paroi interne et surmontés chacun d'un style. Cette structure ne diffère de celle des fragariées, que parce que le calice est tubuleux, au lieu d'être étalé; elle est intermédiaire entre celle des fragariées et celle des pomacées. Les carpelles forment autant de petits akènes osseux, recouverts par le calice qui devient charnu, et qui simule une sorte de baie globuleuse ou ovoïde; ex. : les *rosiers*, auxquels appartiennent *l'églantier* ou le rosier des haies ; le rosier sauvage ; le rosier de France ou de Provins, etc. Parmi les espèces cultivées comme plantes d'ornement, on distingue : le rosier du Bengale, qui fleurit la plus grande partie de l'année ; le rosier à cent feuilles ; le rosier mousseux, dont toutes les parties sont recouvertes de glandes mousseuses ; le rosier des quatre saisons ou rose pâle; le rosier de Provins ; le rosier blanc.

(4e Tribu.) Les POMACÉES. Plusieurs carpelles (2 à 5), dont chacun porte deux ovules et un style, soudés entre eux et avec le tube du calice, de manière à figurer un ovaire simple, adhérent, à plusieurs styles. Le fruit est une pomme, c'est-à-dire un fruit charnu, couronné par le limbe du calice, et offrant deux à cinq loges cartilagineuses ou osseuses. Ce fruit ne diffère de celui des rosiers que parce que les carpelles réunis dans le tube du calice se sont soudés les uns aux autres, au lieu de rester distincts, comme dans le rosier. Cette tribu, qui se compose d'arbres ou d'arbrisseaux, nous fournit un grand nombre de fruits à pépins. Principaux genres : le *pommier:* étamines rapprochées en gerbe, cinq styles soudés à la base; fruit globuleux, ombiliqué à sa base et à son sommet, à cinq loges cartilagineuses, contenant chacune deux pépins. — Le *poirier* : étamines non rapprochées en faisceau, cinq styles distincts à la base; fruit en forme de toupie, ombiliqué au sommet seulement, et présentant d'ailleurs la même organisation que celui du pommier. — Le *coignassier* : fruit charnu, pyriforme, jaune et cotonneux, à cinq loges, contenant chacune plus de deux pépins; ce fruit, d'une odeur forte et d'une saveur âpre et désagréable, porte le nom de *coing*. — Le *néflier* : fruit globuleux (nèfle) aplati supérieurement, et terminé par les cinq lanières du calice qui sont divergentes; il renferme de deux à cinq loges osseuses, contenant chacune une graine. — L'*alisier*, dont le fruit est à loges cartilagineuses et auquel on rapporte l'aubépine ou épine blanche, l'aubépine de Mahon à fleurs roses, l'alouchier, l'amelanchier, l'azerolier et le buisson ardent, ainsi nommé à cause de la couleur écarlate de ses fruits. — Le *sorbier* : fleurs blanches à trois styles; fruit mou, globuleux ou pyriforme, à trois loges cartilagineuses. Les principales espèces sont le cormier ou sorbier domestique, et le sorbier des oiseaux, à fruit d'un rouge de corail.

Le pommier est l'objet d'une grande culture dans plusieurs provinces de la France : il remplace la vigne dans la plus grande partie de la Normandie, de la Bretagne, de la Picardie, etc., et c'est de lui que l'on extrait la boisson fermentée qu'on appelle *cidre*. De celui-ci l'on retire par la distillation une eau-de-vie moins estimée que celle que fournit le vin.

Le nombre des variétés de poirier obtenues par les soins du cultivateur, et que l'on propage au moyen de la greffe, est extrêmement considérable. C'est à la culture que les poires doivent leur saveur douce et agréable ; dans l'état sauvage, elles sont d'une âpreté intolérable. On cultive les poiriers, non seulement dans les jardins, mais en grand sur la lisière des champs dans beaucoup de provinces de la France. On prépare, avec le suc qu'on en exprime, une boisson fermentée, qui porte le nom de *poiré*.

Le coignassier diffère du poirier par les loges de son fruit, qui contiennent plus de deux graines. Les coings ne peuvent être mangés crus, à cause de leur saveur âpre ; mais on prépare avec eux d'excellentes gelées et des pâtes très recherchées.

Le néflier croît dans les forêts de la France. On le cultive dans les vergers, à cause de son fruit. Les nèfles ne mûrissent point sur l'arbre qui les porte : on les cueille encore vertes ; on les étend sur de la paille, et elles achèvent de mûrir pendant l'hiver. Ces fruits ne sont ni malsains ni indigestes.

Les alisiers sont des arbrisseaux épineux, dont plusieurs espèces habitent nos climats. L'alouchier de Bourgogne a des fruits d'un beau rouge, que l'on mange après qu'ils ont mûri sur la paille. Les fruits de l'amelanchier et de l'alisier torminal sont noirs ou d'un brun obscur. En Allemagne on vend les alises dans les marchés. Les azeroles ou pommettes, qui sont des fruits pulpeux de couleur rouge ou jaunâtre, se mangent aussi dans nos provinces méridionales.

Les fruits du sorbier domestique, qu'on désigne sous le nom de cormes ou de sorbes, sont de petites poires rougeâtres, très âpres avant leur parfaite maturité, mais qui se ramollissent à la manière des nèfles et en prenant à peu près la même saveur. Dans les campagnes, on en retire une boisson fermentée, analogue au cidre. On cultive dans les jardins le sorbier des oiseaux, à cause de l'effet qu'il produit en automne par ses bouquets de fruit d'un rouge éclatant. C'est du goût que beaucoup d'oiseaux ont pour ces fruits, que l'arbre a tiré son nom.

31 (5ᵉ Tribu.) Les SANGUISORBÉES. Calice urcéolé, contenant un ou deux ovaires, surmontés chacun d'un style; fruit à deux akènes enveloppés par le calice. Fleurs souvent unisexuelles; corolle de quatre à cinq pétales, quelquefois nulle; plantes herbacées. Principaux genres : la *sanguisorbe*, plante médicinale à fleurs rougeâtres en épi. — La *pimprenelle*, plante médicinale à fleurs rougeâtres, réunies en tête et ordinairement polygames. — L'*aigremoine*, plante médicinale à fleurs jaunes, disposées en épi, ayant de douze à vingt étamines.

30 (6ᵉ Tribu.) Les SPIRÉES. Plusieurs ovaires libres, surmontés chacun d'un style; autant de capsules, à une ou plusieurs graines, étamines nombreuses, corolle de cinq pétales. Genre unique : les *spirées*, plante d'ornement, à fleurs blanches ou rosées, disposées en corymbe ou en cime.

117. Près de la famille des rosacées se placent les genres suivants, qui sont devenus les types d'autant de familles particulières : les *myrtes*, arbrisseaux élégants, à feuilles opposées et à fleurs régulières, ayant la corolle et les étamines, qui sont nombreuses, placées sur le calice. A la famille des myrtes appartiennent le géroflier, dont les boutons sont connus sous le nom de *clous de gérofle*, et employés comme aromate ; le grenadier commun aux fleurs d'un beau rouge ; le syringa ou seringa odorant des jardins, et le métrosidéros aux fleurs d'un rouge foncé, rangées autour du pédoncule en forme de goupillon, et dont les étamines sont longues et saillantes. — Les *groseillers*, dont les baies sont si connues par l'usage que l'on en fait comme aliment. Les *cactus* ou cierges, plantes grasses, remarquables par la beauté de leurs fleurs et la singularité de leurs tiges, qui sont tantôt globuleuses, tantôt cylindriques ou anguleuses, tantôt formées d'articulations superposées. Elles sont dépourvues de véritables feuilles, qui sont remplacées par de petits faisceaux d'aiguillon. (Principales espèces : la raquette, composée de plaques articulées ; le melon épineux, le cierge du Pérou, le serpentin, etc.) — Les *joubarbes*, plantes herbacées à feuilles simples et charnues,

à fleurs régulières ayant des pétales, des étamines et des ovaires en nombre égal à celui des divisions du calice, et quelquefois en nombre double. — Les *saxifrages*, plantes médicinales et d'ornement, dont les feuilles sont aussi quelquefois épaisses, et dont le fruit est une capsule terminée ordinairement par deux cornes divergentes. On rapproche de ce genre l'hydrangea, dont l'hortensia, si commun aujourd'hui dans nos jardins, est une espèce. La plupart des fleurs de l'hortensia sont stériles, et formées presque en totalité de bractées pétaliformes.

Famille des légumineuses.

118. La famille des LÉGUMINEUSES, l'une des plus naturelles et des plus nombreuses du règne végétal, et dont le principal caractère se tire de la nature du fruit qui, dans toutes les espèces, est une gousse ou un légume (fig. 72), se compose d'un nombre considérable de genres, que l'on a divisés en trois tribus d'après l'organisation de la fleur, dont la corolle est tantôt irrégulière et papilionacée (fig. 71), tantôt plus ou moins régulière, et tantôt manque entièrement. Dans cette famille sont réunies des plantes herbacées, des arbustes ou arbrisseaux et des arbres d'une haute stature ; leurs feuilles sont alternes, stipulées et ordinairement composées.

1re tribu. LES PAPILIONACÉES. Calice monosépale ; corolle irrégulière et papilionacée (fig. 71), dix étamines ordinairement diadelphes ou en deux faisceaux (9 dans l'un et 1 dans l'autre), quelquefois monadelphes (genêt, cytise). Dans le premier cas, les neuf étamines soudées forment un tube fendu d'un côté, et l'étamine solitaire est placée de manière à remplir la fente.

Principaux genres. Parmi les plantes potagères : le *pois*, le *haricot*, la *fève*, la *lentille*, dont les graines farineuses servent à la nourriture de l'homme. — Parmi les plantes à fourrage : la *luzerne*, la *vesce*, le *trèfle*, le *sainfoin*, la *gesse*, la *féverolle*, le *pois gris* ou *bisaille*. — Parmi les plantes économiques ou propres aux arts : l'*indigotier*, dont les feuilles servent à l'extraction de la matière colorante bleue, connue sous le nom d'*indigo* ; le *genêt* des teinturiers, qui donne une couleur jaune assez vive. Le genêt d'Espagne est cultivé comme ornement dans les jardins. — Parmi les plantes médicinales : la *réglisse*, le *myroxylon*, qui produit les baumes du Pérou et de Tolu. — Parmi les plantes d'ornement : le *sophora* du Japon, le *baguenaudier*, dont les gousses d'un vert rougeâtre et vésiculeuses sont remplies d'air qui se dégage avec bruit quand on les presse vivement entre les doigts ; le *lotus*, le *robinia* ou faux acacia, auquel on donne communément le nom d'*acacia*, à fleurs ordinairement blanches, disposées en grappes pendantes, et à feuilles pennées ; le *cytise* des Alpes ou faux ébénier, à fleurs jaunes, en grappes pendantes.

2ᵉ tribu. Les cassiées. Genres à corolle régulière.

tous exotiques. Corolle de plusieurs pétales égaux, renfermant dix étamines distinctes ou soudées par leur base, dont quelques-unes sont souvent avortées ou rudimentaires.

PRINCIPAUX GENRES. Le *gainier* ou *arbre de Judée*, dont les fleurs roses naissent immédiatement sur le bois avant le développement des feuilles. — Le *févier* aux longues épines rameuses et aux feuilles bipennées.— Le *caroubier* aux petites fleurs purpurines et aux fruits longs d'un pied, remplis d'une pulpe rougeâtre. — Le *tamarinier* de l'Inde. — La *casse*, plante médicinale à gousse lomentacée : les feuilles et les fruits de plusieurs espèces de casse produisent le *séné*.—Le *bois de campêche* et le *bois du Brésil*, qui sont rouges ou d'un brun noirâtre, et que l'on emploie dans la teinture.

3e tribu. Les MIMOSÉES, comprenant tous les genres sans corolle, à calice double, étamines libres.—L'*acacia* véritable, à fleurs polygames et à feuilles doublement pennées. Il fournit la gomme arabique. — Le *mimosa* ou la *sensitive*, remarquable par les mouvements singuliers et très marqués qu'exécutent ses folioles, lorsqu'on les touche légèrement.

119. Près des légumineuses sont rangées les TÉRÉBINTHACÉES, famille remarquable par le grand nombre de substances résineuses et balsamiques que fournissent les arbres qu'on y apporte, et qui sont tous exotiques. Elle se distingue de la famille précédente par la régularité de

sa corolle, ses élamines toujours libres, par le manque de stipules et par la nature de son fruit, qui est une drupe sèche ou succulente. Principaux genres : les *térébinthes* ou *pistachiers*, dont une espèce donne les amandes vertes connues sous le nom de *pistaches*, une autre la térébenthine ; l'*acajou*, dont le tronc fournit un bois si beau et si connu ; le *manguier*, dont on mange les fruits ; les *baumiers* ou *balsamiers*, qui fournissent le baume, la myrrhe et l'encens ; le *sumac*, qui sert à tanner les cuirs. — Les *noyers* se rapprochent beaucoup des térébinthacées, dont ils ont fait longtemps partie. Ils en diffèrent en ce qu'ils ont l'ovaire adhérent ; que leurs fleurs sont monoïques, les mâles en chatons allongés, les femelles solitaires à l'extrémité des rameaux, et qu'ils ont pour fruit une drupe sèche, que l'on désigne sous le nom de *noix*.

Les rhamnées composent aussi une famille très voisine des légumineuses ; ce sont des végétaux à feuilles simples et stipulées, à fleurs petites et souvent imparfaitement unisexuées, et qui ont pour fruit une capsule, une drupe ou une baie. Genres principaux : le *rhamnus* ou *nerprun*, plante médicinale ; le *jujubier*, qui fournit les jujubes, drupes rougeâtres de la grosseur d'une olive, que l'on mange quand elles sont fraîches, et qui entrent dans la composition de la pâte pectorale de jujubes. — Le *houx*, arbre toujours vert, à feuilles épineuses sur les bords, à fruits rouges, et dont l'écorce sert à préparer la

26

glu ; le *fusain*, dont les capsules quadrangulaires sont d'un beau rouge de rose, et dont le bois fournit un excellent charbon pour le dessin et pour la fabrication de la poudre à canon.

Famille des urticées.

120. La famille des URTICÉES appartient, ainsi que celles qu'il nous reste à décrire, à la classe nommée *diclinie :* elle contient des plantes herbacées, des arbrisseaux ou de grands arbres à feuilles alternes, à fleurs unisexuelles, petites, verdâtres, monoïques ou dioïques, tantôt solitaires, tantôt disposées en grappe ou en chaton, tantôt renfermées dans un involucre charnu. Les fleurs mâles ont quatre ou cinq étamines, insérées à la base du calice. Les fleurs femelles ont un ovaire, qui présente le même nombre de divisions, à une seule loge contenant un seul ovule pendant. Le fruit est tantôt sec, tantôt charnu. Cette famille se partage en deux tribus : celle des urticées proprement dites, à fleurs solitaires et à fruits secs, et celle des artocarpées, à fleurs renfermées dans un réceptacle commun ou soudées par leurs enveloppes et à fruits charnus.

1re Tribu. Les URTICÉES, plantes herbacées ou petits arbustes, à fibres souples et résistantes. Presque toutes fournissent une écorce propre à fabriquer du fil et du papier.

PRINCIPAUX GENRES : les *orties*, à fleurs disposées en grappe ou en tête ; la tige et les feuilles sont recouvertes de poils glanduleux, dont la piqûre est très brûlante. On peut toucher impunément les orties desséchées. Deux espèces sont communes dans nos campagnes, l'ortie brûlante et l'ortie dioïque. Les feuilles de cette dernière servent de fourrage dans le nord de l'Europe. Ses fruits, qui sont des akènes, se mêlent à l'avoine, pour exciter les chevaux. — Le *chanvre*, plante dioïque, dont la tige fournit les fibres avec lesquelles on prépare la filasse ; et dont la graine, appelée *chenevis*, sert de nourriture aux oiseaux, et donne une huile à brûler. Toutes les parties de cette plante ont une odeur désagréable : aussi la regarde-t-on comme très délétère. — La *pariétaire*, qui croît dans les fentes des vieux murs. — Le *houblon*, plante vivace à tige volubile, à fleurs dioïques, et dont le fruit est un cône formé d'écailles minces et membraneuses, entre chacune desquelles sont deux petits akènes. Les cônes de *houblon* entrent dans la composition de la bière, à laquelle ils communiquent une saveur amère, qui n'a rien de désagréable.

2e Tribu. Les ARTOCARPÉES, plantes ligneuses, à suc propre laiteux, plus ou moins âcre, et même vénéneux.

PRINCIPAUX GENRES : le *jacquier (artocarpus)* ou l'arbre à pain ; à fleurs monoïques, les mâles en chatons cylindriques, les femelles en chatons globuleux. Dans celles-ci, le calice devient charnu, et tous les fruits d'un même chaton finissent par se souder latéralement et par former une sorte de baie mamelonnée. Ces fruits globuleux, à peu près de la grosseur de la tête d'un homme, ont une pulpe douce et agréable, et servent de principale nourriture aux habitants des îles de la mer du Sud. L'écorce de cet arbre fournit encore des filaments, avec lesquels on fait des étoffes. — Le *mûrier*, dont les fruits sont ovoïdes et formés, comme ceux du genre précédent, par l'agrégation de petits akènes à calices charnus, et soudés par leurs côtés. Tout le monde connaît le mûrier noir, dont les fruits noircissent en mûrissant et ressemblent beaucoup à ceux de la framboise. Ces fruits, qu'on appelle *mûres*, ont une saveur sucrée et légèrement aigrelette : ils servent à faire le *sirop de mûres*, dont on fait usage dans les inflammations de la gorge. Le *mûrier blanc*, qui est originaire de la Chine, a des fruits semblables à ceux de l'espèce précédente, mais blancs. Sa culture est un objet de grande importance dans quelques parties de la France et de l'Europe méridionale, à cause de ses feuilles, qui servent à nourrir les vers à soie. On cultive encore dans les jardins le mûrier rouge d'Amérique, qui est plus élevé que les mûriers ordinaires. L'arbre nommé *mûrier de la Chine* ou *mûrier à papier* appartient à un genre voisin, nommé *broussonélie*. Ses fruits sont sucrés et agréables, et son écorce peut servir à faire du papier. — Le *figuier*, dont les bourgeons sont très allongés en pointe, et dont les fleurs unisexuelles sont réunies en grand nombre (mâles et femelles), dans un involucre ou réceptacle commun, charnu, pyriforme et presque entièrement fermé à son sommet par plusieurs rangs de petites dents. Les fruits ou les *figues* se composent du réceptacle et des ovaires enchâssés dans sa pulpe ; les figues fraîches sont d'une saveur douce et agréable : on les sert fréquemment sur nos tables. On peut les conserver après les avoir fait sécher au soleil : elles sont alors beaucoup plus sucrées.

On a rapproché des urticées le *poivre,* qui croît dans l'Inde, et dont les baies, desséchées et réduites en poudre, servent aux assaisonnements. On distingue, parmi les espèces de ce genre, le *poivre noir,* le *poivre cubèbe,* et le *bétel,* que mâchent les Orientaux.

121. Auprès des urticées se placent les euphorbiacées et les cucurbitacées, deux familles qui renferment plusieurs genres intéressants. Les EUPHORBIACÉES sont des plantes à fleurs unisexuelles, herbacées ou ligneuses, qui contiennent presque toutes une grande quantité d'un suc blanc, laiteux et très âcre. Quelques espèces présentent le port des cactus. A cette famille appartiennent les *euphorbes,* qui sont des herbes lactescentes ; les *crotons,* dont une espèce fournit la laque, et une autre la couleur bleue dite *tournesol* ; le *ricin,* dont les graines donnent une huile purgative ; le *médicinier,* dont les racines fournissent la racine appelée *manioc,* et le *tapioka,* qui est une fécule très blanche et très douce ; le *buis* com-

mun; le *mancenillier*, redoutable par ses propriétés délétères; l'*hévée* de la Guyane, dont le suc épaissi produit cette matière élastique appelée *caoutchouc ou gomme élastique*. — LES CUCURBITACÉES sont des plantes herbacées, rampantes ou grimpantes, munies de vrilles qui naissent à l'aisselle des feuilles. Leurs fleurs sont généralement unisexuelles et monoïques, elles ont un calice et une corolle, soudés entre eux par leur base; les fleurs mâles ont cinq étamines, dont quatre sont souvent réunies deux à deux par les filets; les fleurs femelles ont un ovaire infère couronné par un disque épigyne. Le fruit est un pépon, c'est-à-dire qu'il est charnu, qu'il renferme un grand nombre de graines aplaties, nichées dans la pulpe, et que son centre est occupé par une cavité. A cette famille appartiennent les *courges* (*cucurbitæ*), parmi lesquelles on distingue comme espèces les *calebasses*, dont le fruit a tantôt la forme d'une poire, tantôt celle d'une massue, et a une enveloppe extérieure assez dure, remplie d'une pulpe aqueuse; les *pastèques* ou *melons d'eau*, qui fournissent une nourriture saine et rafraîchissante; les *potirons* ou *citrouilles*, dont le fruit est remarquable par son volume. Un autre genre, non moins connu, est celui des *cucumères* ou *concombres*, auquel se rapportent la *coloquinte*, le *melon*, le *concombre* proprement dit, dont les fruits, encore jeunes et confits dans le vinaigre, portent le nom de *cornichons*. Nous citerons encore le genre *brione*, dont une espèce, la brione blanche, est commune dans les haies et les lieux incultes. On a rapproché des cucurbitacées le genre *passiflore* ou *grenadille*, dont une espèce est répandue dans nos jardins sous le nom de *fleur de la passion.*

Famille des amentacées.

122. Les AMENTACÉES sont des arbres ou arbrisseaux à feuilles simples, alternes, stipulées, à fleurs unisexuelles, dioïques, monoïques ou rarement hermaphrodites. Les mâles sont disposés en chatons; les femelles solitaires, ou en faisceaux on bien en chatons, comme les mâles. Ces fleurs sont tantôt munies chacune d'un calice et tantôt d'une simple écaille. L'ovaire est le plus souvent libre, quelquefois adhérent (dans les cupuliférées). Le fruit varie beaucoup de consistance : il est fréquemment à une seule loge et à une seule graine. Les amentacées composent une famille presque exclusivement européenne. Presque tous les grands arbres qui servent à notre chauffage et à nos constructions lui appartiennent. On la subdivise en six sections, que quelques botanistes considèrent comme autant de familles distinctes.

1re Section : les ULMACÉES, fleurs hermaphrodites ou polygames; ovaire libre, uniloculaire, à un seul ovule pendant et surmonté de deux stigmates sessiles : le fruit est une capsule membraneuse ou une petite drupe. Cette section ne comprend que deux genres : l'*orme*, dont le fruit est une capsule presque orbiculaire, membraneuse sur les bords, et renflée au milieu, où se trouve une graine solitaire, et le *micocoulier*, dont le fruit est une baie. Ce dernier est commun dans le midi de la France, où il se fait remarquer par le vert brillant de ses feuilles et de ses jeunes pousses.

2ᵉ Section. Les SALICINÉES, fleurs dioïques, les mâles et les femelles en chatons ; fruit capsulaire, terminé en pointe et s'ouvrant en deux valves ; graines entourées de longs poils soyeux. Les salicinées sont des arbres ou des arbustes qui se plaisent d'ordinaire dans les prairies et dans les lieux humides : leur bois est blanc et tendre. Ce sont les végétaux que l'on multiplie le plus facilement de bouture. Cette section ne comprend que deux genres : le *saule*, dont les fleurs mâles ont de une à cinq étamines, et dont on distingue plusieurs espèces, le saule commun, le saule pleureur, l'osier vert ; et le *peuplier*, dont les fleurs offrent un calice tronqué, renfermant des étamines nombreuses ou une capsule à deux valves, dont les bords rentrants simulent un fruit biloculaire. On distingue aussi plusieurs espèces de peuplier, le peuplier blanc, le peuplier d'Italie, le peuplier tremble, dont les feuilles excessivement mobiles, sont d'un effet très pittoresque.

3ᵉ Section. Les MYRICÉES, fleurs dioïques en chatons ;

ovaire lenticulaire à une seule loge, contenant un seul ovule dressé. Principaux genres : le *cirier* ou *myrica*, arbuste doué d'une odeur très forte, qui éloigne les insectes, et dont les baies fournissent une cire verte, dont on fait des bougies ; le *casuarina*, qui, par son port, ressemble à une prêle gigantesque ; le *liquidambar*, bel arbre résineux, originaire de l'Amérique septentrionale.

4e Section. Les BÉTULACÉES, fleurs monoïques en chatons, disposées par grappes ; ovaire à deux loges monospermes ; fruit en cône écailleux. Cette section ne renferme que deux genres : le *bouleau*, qui croît dans les terrains les plus secs et les plus rocailleux, et qui se fait reconnaître aisément à son tronc, recouvert d'un épiderme blanc et nacré qui s'enlève par feuillets : c'est l'arbre qui s'avance le plus loin vers les contrées du pôle glacial, et que l'on observe aussi le dernier, en gravissant les pentes des hautes montagnes. — *L'aune*, qui est commun dans les lieux humides et sur les bords des ruisseaux.

5e Section. Les PLATANÉES, fleurs monoïques en chatons globuleux, longuement pédiculés ; ovaire uniloculaire à un seul ovule suspendu. Les platanes sont de beaux arbres, à feuilles alternes, grandes et divisées en trois ou cinq lobes palmés. On en connaît deux espèces principales, l'une originaire d'Orient, et l'autre de l'Amérique septentrionale.

6e Section. Les CUPULIFÉRÉES, fleurs monoïques, les

mâles en chatons cylindriques et écailleux ; les femelles à ovaire infère et environné d'un involucre, qui devient une cupule pour le fruit, qui est un gland. Principaux genres : Le *charme*. — Le *hêtre*, dont les fruits, connus sous le nom de *faînes*, fournissent une huile excellente. — Le *châtaignier*, dont le fruit est un gland, c'est-à-dire un fruit sec, monosperme par avortement, et enveloppé en totalité dans un involucre épineux (cupule). L'ovaire est formé de trois carpelles soudés, contenant chacun deux ovules ; mais il avorte toujours plusieurs graines, et souvent il n'en reste qu'une seule. On donne le nom de *châtaignes* aux fruits où il reste plus d'une graine et des traces de cloisons à la maturité, et l'on appelle *marrons* ceux dans lesquels une seule graine a mûri et où elle est par conséquent plus grosse. — Le *chêne*, dont le fruit est un gland entouré seulement à sa base d'une cupule écailleuse (chêne rouvre, chêne liège, chêne vert ou *yeuse*) ; cet arbre fournit la *noix de Galle*, sorte d'excroissance charnue, qui est due à la piqûre d'un insecte et qui se développe sur les pétioles des feuilles. C'est avec l'écorce du chêne concassée, qui, dans cet état porte le nom de *tan*, que l'on tanne les diverses espèces de cuirs. — Le *coudrier* ou *noisetier*.

Famille des conifères.

123. La famille des CONIFÈRES se compose d'arbres ou arbrisseaux à suc résineux, à feuilles toujours vertes et

à fleurs unisexuelles, généralement disposées en chatons ou en cônes, et munies d'écailles imbriquées. Les
feuilles sont en général linéaires et en forme d'alènes ;
tantôt solitaires, tantôt réunies par leur base dans une
petite gaîne au nombre de deux à cinq. Les fleurs mâles
ne consistent que dans une étamine, le plus souvent à anthère uniloculaire ; les fleurs femelles ont un calice adhérent à l'ovaire. Ce dernier est à une seule loge et contient un seul ovule. Le fruit est (dans le plus grand
nombre de genres) un cône, composé de cariopses ou,
suivant quelques botanistes, de simples ovules recouverts
d'écailles ligneuses et distinctes, ou d'écailles charnues
et soudées.

PRINCIPAUX GENRES. Les *pins*, grands arbres à tête
plus ou moins touffue, à feuilles géminées ou fasciculées et persistantes, et à fleurs monoïques : chatons
mâles en épi ; cônes terminaux (ou situés à la partie supérieure des rameaux), composés d'écailles renflées à
leur sommet. Cet arbre fournit différentes substances
résineuses, telles que la térébenthine, la colophane, la
poix noire et le goudron. — Les *sapins*, arbres à feuilles
solitaires, persistantes, dont les rameaux sont étalés ho-
rizontalement et dont la forme est pyramidale. Chatons
mâles, simples ; cônes allongés, dressés, à écailles minces et non renflées au sommet. — Les *mélèzes*, à feuilles
fasciculées et caduques, à chatons mâles simples, dont
les cônes sont latéraux, et composés d'écailles, terminées

par une longue pointe; au printemps, leurs feuilles, à cause de leur finesse et de leur vert tendre, offrent un aspect tout à fait pittoresque. — Le *cèdre du Liban*, l'un des arbres les plus grands et les plus majestueux de tout le règne végétal. Les *genévriers*, arbres à fleurs dioïques, dont le fruit est globuleux, charnu, et ressemble à une baie. Les *baies de genièvre*, qui sont noires et de la grosseur d'un pois, servent à aromatiser certaines liqueurs. — Les *cyprès*, dont le fruit est un cône sphérique à écailles ligneuses, pédicellées, en forme de tête de clou, et recouvrant chacune plusieurs graines ailées. — Le *thuya*, aux feuilles imbriquées et aplaties, et dont les cônes sont globuleux. — Les *ifs*, aux baies d'un rouge de cerise et vénéneuses.

124. A côté des conifères se placent les cycadées, qui ont les plus grandes analogies avec elles, sous le rapport de l'organisation des fleurs, quoiqu'elles aient le port des palmiers, et que la structure de leurs tiges se rapproche de celle des monocotylédons. On a même proposé de réunir ces deux familles et d'en former une classe particulière.

SUR LA DISTRIBUTION GÉOGRAPHIQUE DES VÉGÉTAUX.

Les familles végétales sont plus ou moins abondantes sous les différentes latitudes et dans les divers lieux de la terre. Les labiées, les amentacées, les ombellifères et les crucifères semblent appartenir aux zones tempérées ; les deux dernières familles disparaissent entièrement dans la zone torride. Les genres des composées, des malvacées, des euphorbes, vont au contraire en augmentant de nombre, lorsqu'on s'avance des pôles vers l'équateur. Les légumineuses dominent aussi dans les régions équinoxiales. On a calculé que les plantes agames sont aux phanérogames sur tout le globe dans la proportion de 1 à 7 ; et les monocotylédones aux dicotylédones, comme 2 est à 9. A mesure qu'on s'éloigne de l'équateur, le nombre des acotylédones va en augmentant ; la famille des fougères suit une loi inverse, c'est-à-dire que leur nombre est plus considérable dans les contrées intertropicales que partout ailleurs. Le nombre des plantes dicotylédones va aussi en augmentant à mesure que l'on approche de l'équateur et en diminuant vers le pôle. Quant aux monocotylédones, leur nombre proportionnel souffre peu de variations comparativement aux deux autres classes. En général leur rareté est d'autant plus remarquable que le climat est plus sec. Parmi les dicotylédones, les espèces arborescentes se rencontrent en plus grande proportion dans les climats chauds que dans les climats tempérés, et dans ceux-ci plus que dans les régions froides.

On exprime par le mot de *station* la nature spéciale de la localité dans laquelle chaque espèce a coutume de croître, et par celui d'*habitation* l'indication générale du pays, où elle croît naturellement et où elle est la plus commune. Le premier terme est relatif au climat et à la nature du terrain, le second aux circonstances purement géographiques; ainsi la station de la renoncule aquatique est dans les eaux douces et stagnantes; son habitation est en Europe. Il y a des plantes qui sont *éparses*, et rares dans le lieu même de leur station : il y a au contraire des plantes dont les individus se trouvent rapprochés et vivent en nombreuses sociétés. Par opposition, on ██ nomme des *plantes sociales*.

Considérées sous le rapport des stations, les plantes peuvent se partager en un grand nombre de classes; ainsi l'on distingue des plantes maritimes ou salines, des plantes marines, des plantes aquatiques, souterraines, parasites; des plantes de marais, de prairies et de pâturages secs, de rochers, de sables, de forêts, de montagnes.

L'étude des habitations conduit à reconnaître un certain nombre d'espaces ou de régions que caractérise la présence d'un certain nombre de plantes qui leur sont particulières : c'est ce qu'on nomme des *régions botaniques*. Ainsi l'on distingue une région hyperboréenne, une région européenne, une région méditerranéenne, etc.

C'est dans la zone torride qu'on trouve les formes végétales les plus élégantes, telles que les palmiers, les bananiers, les graminées et les fougères arborescentes, ainsi que les mimosa, dont le feuillage est si finement découpé. C'est en Amérique que se montrent presque

exclusivement les cactus ou cierges, les lianes sarmen-
teuses dont les tiges s'enlacent les unes aux autres, et
réunissent comme en un seul groupe tous les végétaux
d'une même contrée. L'Inde est la patrie des précieux
aromates, de la belle famille des liliacées et d'une multitude d'arbres remarquables. Le cap de Bonne-Espérance
voit croître en quantité les aloès, les crassula et autres
plantes grasses. En Europe existent aussi des sous-ré-
gions botaniques assez bien tranchées et que caractéri-
sent la présence ou l'absence de certains végétaux. Ainsi
la France a été partagée en trois régions principales :
celle de l'*olivier*, qui fait partie de la région méditerranéenne ; celle de la *vigne*, qui s'étend jusqu'au 50e degré de latitude ; enfin celle du *pommier*, qui dépasse les
limites de la France vers le nord.

La végétation, en s'élevant au-dessus du niveau de la
mer, subit des modifications analogues à celles qu'elle
éprouve, en se portant de l'équateur vers les pôles. Les
changements qui, dans ce dernier cas, ne paraissent que
lentement et par nuances insensibles, se succèdent au
contraire avec rapidité sur les pentes des montagnes, où
l'on peut en quelques heures observer la même succes-
sion de formes, qu'offrirait dans les pays de plaines un
voyage de plus de deux mille lieues dans la direction
d'un méridien terrestre.

TABLE DES MATIÈRES.

FIN DE LA TABLE.

www.ingramcontent.com/pod-product-compliance
Lightning Source LLC
Chambersburg PA
CBHW060544210326
41519CB00014B/3343